カラスをだます

塚原直樹 Tsukahara Naoki

まえがき

「塚原さんと知り合ってからカラスの鳴き声が気になって仕方がない」「カーと鳴くと思わず見てしまう」——。どうやら、私と会った人はみんな、眠っていた〝カラス鳴き声センサー〟がアクティブになるらしい。

〝カラス鳴き声センサー〟がアクティブになると、どんないいことがあるのか。

朝ゴミを出すときに電線の上から熱視線を向けてくるカラス、畑でとことこ歩きながら何かを突っつくカラス、残業した帰り道に闇夜をカーと鳴きながら横切るカラス、旅先の観光名所の池で水浴びをするカラス……。こんなところにもカラス、あんなところにもカラス！と、日本全国津々浦々、朝から晩までカラスが近くにいることに気づく。そして、カー、カッカッカッ、グワワ、ア〜ア〜ア〜、ガー、などなど、鳴き声にも色々あることに気づくことになる。今まで無関心だった〝黒い隣人〟の一挙手一投足が気になってくるのだ。それは果たして、いいことなのか……？

いいことなのだ。だって、人生が豊かになってしまうのだから。この本を読み終えたあなたも、きっと〝カラス鳴き声センサー〟がアクティブになってしまうだろう。そして人生が豊かになってしまうに違いない！

本書は、著者が十八年間カラスと向き合い、実際にやってみたこと、体験したことを書いたものだ。そのため内容としては偏りがあるかもしれない。カラスの生態を網羅的に知りたい方は、カラス研究の巨匠達の名著を読んでいただきたい。著者の興味は、どうしたら、あの賢いカラスをだますことができるのか、である。この無理難題に対し、現在進行形の悪戦苦闘の日々を書いた。

はたしてカラスをだますことはできたのか？　乞うご期待！

カラスをだます　目次

第四章　カラスを食べる……141

校閲　河津香子
イラスト　谷崎美桜子
DTP　角谷 剛

第一章　カラスを動かす

1　カラス誘導大作戦

謝罪会見？

「先生、実験は成功ですか？」

「カラスの誘導はできたんでしょうか？」

ここは山形市役所の六階。目の前には記者団がいてカメラがひしめき、マイクは口の中まで入ってきそうだ。プレッシャーに耐えきれず、私は目を伏せて声を絞り出した。

「えー、成功だったと……思います……」

背中や脇に大量の汗が滴るのを感じながらそう答えるのが精一杯だった。だが会見は終わらない。似たような質問が代わる代わる繰り返される（図版1―1）。

記者団はほんの十分前、窓の外で、私の狙い通りにカラスの大群が移動していく様子を目撃していた。部屋の中では、私が携帯電話を片手にノートPCの画面を見つめている。「この人は確かにカラスを操っている」と思う方が自然だろう。記者としてはなんとか私から、会心の笑顔と、「成功でした！」の一言を引き出せると期待するのも無理はなく、それがわかっている私も申し訳ないと思う気持ちが募る。

もちろん私も笑顔で答えたかった。しかし慎重にならざるを得なかったのだ。相手は二百羽ものカラスだ。一旦移動はしても、いつ戻ってくるかわからないのだ。ここで「実験は成功しました！」とぶちあげたあとに窓の外で「カア」と鳴かれてはたまらない。そう思うと顔をほころばせるわけにはいかなかった。

図版1–1　まるで謝罪会見

煮え切らない私とのやりとりを長々と収録した記者団が引き揚げていった頃、私はテラスに出て、恐る恐る真下の木立を覗いた。実験前に二百羽いたカラスは……一羽もいなかった！　思わず頬が緩む。そのときまだカメラが一台残っていた。ずっと張り付いて取材をしてくれていた某（公共）放送局だ。そのカメラに向かってようやく私は言えた——「うまくいきました！　思っていたよりも……」。
その晩の酒はうまかった。同席した東北大学の共同研究者・北村喜文氏は山形の美酒「楯野川（たてのかわ）」を手にして言った。「塚原さん、謝罪会見みたいだったよ」。結局、後日テレビでいちばん反響があったのは、謝罪顔ではなく安堵の表情でインタビューを受ける姿の方だった。

「いてほしくない場所」から「いてもいい場所」へ

「いてほしくない場所」から「いてもいい場所」へカラスを動かす――これが私のこの日のミッションだった。山形市役所周辺はカラスのねぐらと化しており、最寄りのバス停「山形市役所前」付近の道路はカラスの糞で真っ白になっていた。山形市民から「なんとかしてほしい」という要望を受けた市役所から「なんとかしてほしい」という要望を受けたのが私だったというわけだ。

私は当時、カラス研究者として大学に籍を置いていたが、その後、「カラスをめぐるあらゆるソリューション（問題解決策）を提供する（ことを標榜する）」会社を起こすことになる。カラス研究者を「カラス屋」と呼ぶことがあるが、カラス・ソリューショニスト（造語だ）を生業とする自分はもしかしたら誰よりも「カラス屋」という呼び名にマッチしているかもしれない。

ともあれ、国内でも有名（らしい）杉田昭栄（しょうえい）先生というカラス屋さんの研究室（宇都宮大学にある）に所属して以来、二十年近くにわたって私はカラスと付き合ってきた。カラス同士は頻繁にコミュニケーションをとりあう。そこで「鳴き声」が最も重要な役割を果たしていることは明らかだった。私の使命はカラスに「なぜ鳴くの？」と問い、答えを探すというものだった。しかし相手は鳥だ。何かあると飛んで行ってしまう。カラス一羽に、ひと苦労、というわけだ。……さて、研究が思い通りにいかず、いまいましい、こちらがカラスを操ればいいのに、と思ったのがきっかけだった。それ、できるんじゃないか？

なんといっても私の手元には厖大（ぼうだい）な量の、鳴き声の録音データがある――。

思い立ったが吉日。私はこの素晴らしい思いつきを、すぐに実行に移し……はしなかった。なぜ鳴くのかもわからないのにカラスを操るなんて無理じゃないか。それに夕方になるとカラスは子が可愛いのか山に帰るし、私は酒を飲み始めてしまう。しかも飲むと長い。次の朝には二日酔いの頭、消化を終えていない胃、などを抱えてカラス小屋の掃除をして気持ちが悪くなるか、運よく二日酔いを免れていれば、集音マイクを積み込んだ愛車ジムニー（ジープ型の軽自動車だ）を駆って栃木じゅうの雑木林に赴いてはカラスの声を集めて回るという日々。数年は瞬く間に過ぎた。

どんなに素晴らしくてもアイディアだけでは何も残らない。アイディアを形にするためにはキャッチコピーというか、「看板」を掲げることが必要だ。しばらくして私はそれを叶えてくれる人物と出会った。

シンガポール国立大学の末田航氏——彼とは「カラスと対話するプロジェクト」を立ち上げた。それまでの私の研究計画名「カラスの音声コミュニケーションの研究」に比べたらいかにも面白そうだ。でも「カラスと対話」なんて言っちゃっていいのか？——言ってもよさそう、という感触はあった。いかに酒ばかり飲んでいたとはいえ、集めた鳴き声を繰り返し聴いているうちに、なんとなく見当がついたところはあった。

末田氏と私とで酌み交わされた酒の量は常軌を逸していた。そしてそこで生み出されたアイディアも常軌を逸していた。アイディアの一つは、街じゅうのスピーカーを借り切って、カラスの鳴き声をプログラムしてあちこちで流し、街にいるカラスをだまして動かす、というものだった。街にスピーカーなんてあるのか？と訝るなかれ、実は商店街の放送のため、街の防災のためなど、巷には意外とスピーカーがたくさん設置されている。そこから同時多発的にカラスの鳴き声を流すことで、いてほしくない場所からカラスを追い払うだけでなく、いてもいい場所まで動かしていくというアイディアである。

ここで話は山形市へ戻る。市からの依頼を受けた私たちは期待した——市の力をもって

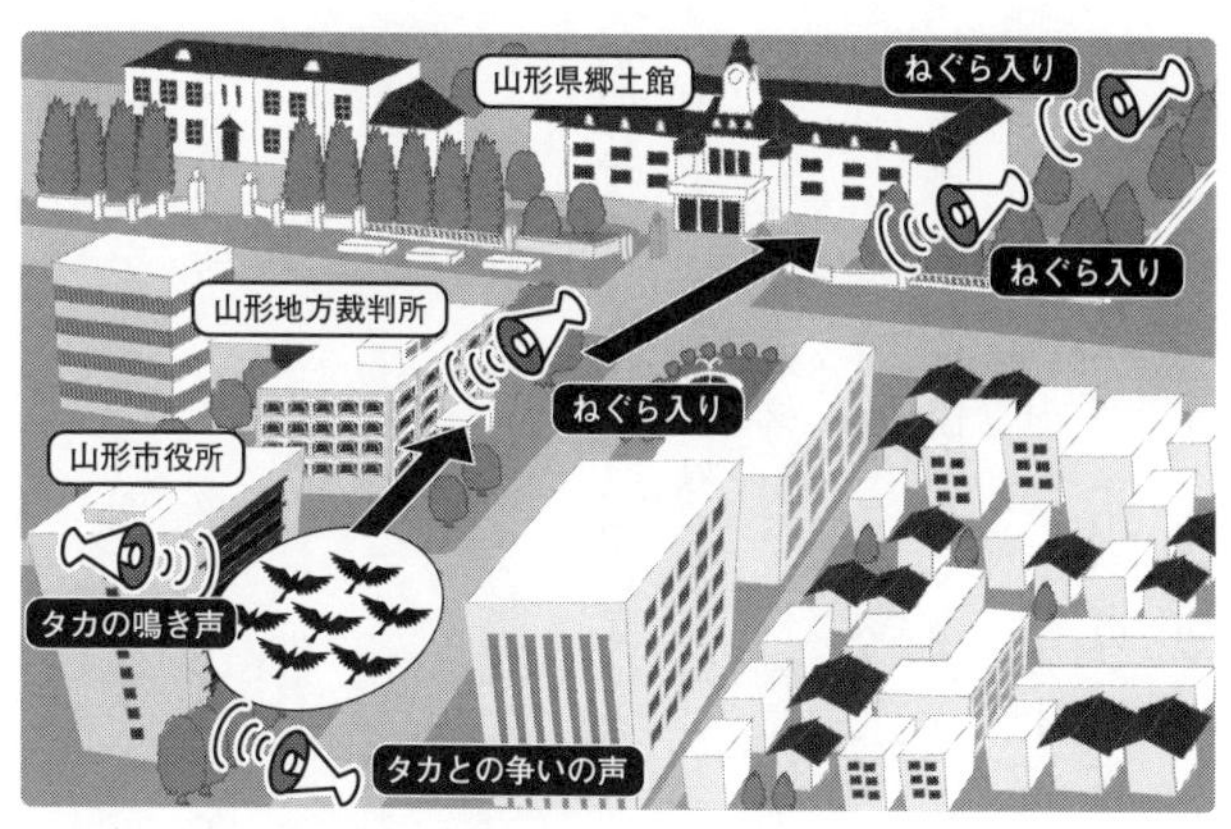

図版1–2　群れを誘導する仕組み

すれば街じゅうのスピーカーを貸し切りにして大規模な実験ができる、と胸が高鳴ったのだ。絶好の機会だとばかり、我々が山形市に提案したプロジェクトの名前は「カラス誘導大作戦」になった。我ながら受けがよさそうだ。しかし——商店街のスピーカーはジャックできなかった。世の中はそういうふうに都合よくできてはいない。

だが市は広報車と手持ちのスピーカーをいくつか用意してくれた。これで十分じゃないかと私は思い直し、実施に取り掛かった。ミッションは先述の通り、市役所前の木立に潜む二百羽のカラスを動かすこと。誘導先は「いてもいい場所」として、市役所の隣にある山形地方裁判所や、さらにその先の山形県郷土館と設定した。市役所から郷土館へは直線距離にして二百メートル程度だ（図版

1―2）。

仕組みを簡単に説明すればこうだ。市役所で「カラスの警戒心をあおる音」を出す。直後に裁判所の方で「平常時の音」を流す。時間をおいて、郷土館の方でも同じ「平常時の音」を出す。こうすれば、「警戒すべき」場所から逃れて「平常」の場所へ向かおうとするだろうし、さらに遠くへと誘導されて飛んでいくだろうというのが、誘導大作戦の目論見だった。

追い払うはずのカラスがいない?!

実験当日、市職員の方々による広報活動のおかげで、山形県内の新聞やテレビなど多くのメディアが取材に来た。嬉しい半面、誘導作戦が実は初めての試みで、目論見通りにいかないことも十分にありえたため、心配で心配で、逃げ出したくなる時もあった。

午後、実験に協力してもらう市職員の方々や共同研究者らと、現場や実験の流れを確認し、機器をセットして、あとはカラスが来るのを待つだけとなった。時計の針が五時半を指す。太陽はすでに山の奥へと真っ赤な半身を隠した。しかしカラスはいない――そう、これは後述するが、市役所前が「ねぐら」だとしたら昼間そこにカラスがいないのはおかしなことではない。だが、三百メートルほど離れたビルの屋上には黒い影が数十羽、仲良く並んでいるのが見える。一方、カラスが群れるはずの眼下の木立はいたって平和な装いで、カラスは確認できない。もしかして今日は来ないのか？　六階のテラスで記者団が撮る写真のフラッシュ光やシャッター音に驚いて警戒してしまっているのか？　奥ゆかしい山形の人々に似て、ここではカラスもシャイなのか？　――「追い払うはずのカラスがいない」という可能性から目をそらそうと、他愛ないことを考えながらニヤニヤしていると、「先生、実験やらないということはないですよね？」と聞かれて現実に引き戻される。

「もうちょっとお待ちください。カラスが来なくても、音の確認などのため、実験は行います。遅くとも六時半には」と答える私。「カラスを追い払おうと思ったらカラスがいない」なんてことになったらどうしよう、と不安に駆られる私――。そのとき思い出したのはテレビの一場面だ。ある番組に、サルを追い払うドローン（無人飛行機）の開発者が出ていた。追い払う場面をカメラに収めるべくロケに向かったが、この日は追い払うはずのサルがいない。やむなく、サル追いドローンでサルを探す、というのがオチになっていた。あれは面白かったな……いや、笑ってはいられない。いま私にはあの開発者の情けない思いが痛いほどわかる。間違いなく、彼とはうまい酒が飲める……。

カラスの群れ 動いた！

山形市新実験

タカ鳴き声で混乱→仲間の声で安心

山形市中心市街地に集まるカラスの撃退に向け、山形市は13日、新たな実証実験を始めた。スピーカーから天敵のタカの鳴き声を流して混乱させ、その後、安心感を与えるカラスの声を聞かせて寝床へ誘導する「声色作戦」を繰り広げ、群れの誘導に成功した。14日にはスピーカーを搭載した小型無人機ドローンを飛ばし、空中戦を仕掛ける。

誘導作戦 成果に手応え

図版1–3　写真の笑顔は開始前の緊張ゆえだ（山形新聞2017年9月14日付）

不安を破ったのは末田氏の声だった。六時を過ぎて薄暗くなった頃、「集まって来ましたよ……」と教えてくれたのだ。見ると木立には百羽を超えるカラスの姿が！　さらにこちらを目指して飛んで来るカラスが見える。よかった……役者は揃った。地上の関係者と記者団に開始を伝える。さあ、いよいよ本番だ！

まず市役所テラスのスピーカーから「カラスの警戒心をあおる音A」を流す。カラスの天敵オオタカの「キッキッキッキッ」という鋭い声だ。音Aと同時に広報車から「警戒心をあおる音B」、カラスが敵と争う時の「グワッグワッ」という声を再生する。AとBの同時再生で木立のカラスたちが明らかに浮足立ったのがわかった。

すかさず裁判所で「平常時の音」、すなわちカラスがねぐらに帰る時の「アー　アー　アー」という声を再生すると——木立のカラスは一斉に飛び立ち、裁判所方面へ移動を始めたのだ！　私は内心、ガッツポーズだ。次いでさらに先の郷土館からも「ねぐら入り」の声を流す――こうして開始から十分後、私はスピーカーの停止と撤収の指示を出した。もはやカラスは木立に見えない一方、裁判所と郷土館の屋上では多数確認された。しばらく経ったあとも戻ってこなかったことは先述の通りである。この実験から、人間が意図する方向へとカラスの群れを動かせることがわかった。

翌日の新聞の見出しは「カラスの群れ 動いた！」であった（図版1―3）。

なぜうまくいったのか

さて、うまくいきはしたが、私もこれを手放しで喜んでいたわけではない。謙虚にも、なぜこの誘導が成功したのか考えてみた。答えは、「誘導する相手が群れだったから」ではないかと考えている。

カラスは群れる動物だ。群れることには多くのメリットがある――敵の接近を早く察知できるようになる、自身が襲われる可能性が低くなる、襲撃を防いだり、餌（えさ）にありついたりする機会が増える、などなど。

この群れを一つの生き物に見立ててみよう。この生き物の眼や耳など感覚器官は厖大な数になる。これによって全方位の情報をキャッチできる。情報を捉える能力が格段に上がるのだ。群れを構成する個体は、身体を構成する細胞や器官にたとえられよう。これらを相互につなぐ神経のネットワークにあたる役割を持つのが「鳴き声」になる。

しかし鳴き声は無線通信である。神経が有線通信だとすると、これに比べれば無線の鳴き声は遅延や誤作動が生じやすい。そこに、つけいる隙がある。カラスは鳥の中でも賢い方で、目の前の一羽をだますのは骨が折れるが、群れという一つの巨大な生き物となると、逆に情報伝達に隙が生まれる。山形の成功例は、ここにうまくニセ情報を流すことで、こちらの意図通りに行動をコントロールすることができた結果だと考えられる。

ねぐらと巣は違う

ところで、今回誘引に使うことができたのは「ねぐら入り」の時の鳴き声だが、「ねぐら」と「巣」はよく混同される。ねぐらは寝る所。巣は卵を産んで育てる繁殖の場である(図版1−4、1−5)。カラスの中には「コロニー」という集団で巣を作るような種もいるが、日本でよく見るハシブトガラスやハシボソガラスは繁殖期のペアが二羽だけの縄張り(テリトリーとも言う)を構え、巣を作る。子育ての間はねぐらに帰らず、自身の縄張りに留まる。地域や個体により差があるが、だいたい三月頃に巣を作り、四月頃に卵を産んで子育てをし、七月頃にヒナたちが親元を離れる。この間、ねぐらは独身カラスと卵を産まないペアだけになるため個体数は減る。

しかし、秋になると独り立ちした若者カラスがねぐらに合流するため、ねぐらは冬にかけて大規模になる。我々が実験した山形市役所前の木立も、カラスが増えるのは九月以降だという。寒くなると毎年のように「カラス大発生」みたいなニュースが流れるのは、カラスの集団を見て人間が勝手に「不吉さ」を感じるためかもしれないが、ねぐらが大きくなる時期だと思えば心配はいらない。せいぜい糞の雨が降るだけ

図版1–4　ねぐらへ帰るラッシュアワー

図版1–5　電柱の上にマイホーム（巣）を作る

だ。いや、それは大問題か。

どうやって「定着」させるか？

この誘導大作戦、カラスの群れを「いてほしくない場所」から「いてもいい場所」へ動かす、カラスにもヒトにも優しい夢の技術だ。実験はうまくいったが、これを実用化するには課題がある。一つは、誘導した先でいかにして定着させるかだ。これは非常に難しい。実は少しアイディアがあるのだが、特許になりそうなのでまだ内緒である。

さて、カラスがいること自体が迷惑なのに「いてもいい場所」ってどこやねん、とツッコんだ方もいるに違いない。「カラスの群れがいてもいい場所」となると、人里離れた山奥とかだろう。そこまで誘導するとなると、距離は何キロかにわたることになる。これが次の問題だ。今回の実験で誘導できたのはせいぜい二百メートルだ。スピーカーは五台使った。二キロなら五十台。各スピーカーにはスタッフを張り付けなければならないから、五十人の動員になる。これは現実的ではない——。この問題解決の一手として思いついたのがドローンだ。ドローンを使って音源を移動させればいい！　これについては後述しよう。

ほかにも問題はある。カラスが音に慣れて怖がらなくなってしまうのではないか？　そもそも別の場所でもうまくいくのか？　などなど、実用化までに乗り越えなければならないハードルは山ほどある。このように、まだ誘導の可能性の一端を見出しただけではあるが、いずれカラスとヒトが共存するための夢の技術になると考えている。

2　マヨラーぶりを利用する

マヨネーズ型カラス対話ＩｏＴデバイスって何のこっちゃ

「マヨネーズ型カラス対話ＩｏＴデバイス」——。それは、末田航氏と私で考えたアイディアの代表格だ。例のごとく、アルコール摂取を伴うディスカッションで生まれたもの。命名したのは末田氏だが私は非常に気に入っていて、講演などでは何度も口にしてしまう。「マヨネーズ型カラス対話ＩｏＴデバイス」。いい響きだ。

中身の説明に移ろう。ご存知ないと思うがカラスはマヨラーである。マヨネーズが大好きなのだ。空容器を奪い合って争うのを見たのが一度や二度ではないほど。甘みと酸味のバランスしたあの味が好きなのか？——いや、実は好きなのは「脂」なのである。カラスは唐揚げや豚の脂身にも目がない。

なぜ脂が好きなのか。それは、脂を摂取できるかどうかがカラスの生死に関わっているからである。鳥は一般に、尾羽(おばね)の付け根にある尾腺(びせん)と呼ばれる器官から脂を出し、クチバシで塗り広げることで体に防水コーティングを施す。ちなみにこの尾腺が、焼き鳥通のよく口にする「ぼんじり」である。この部位は脂が非常によくのっており、プリプリして弾力がある。中でも炭火で焼いたものが最高だ。表面はパリッと、口に入れるとジュワッと脂が出て……これはぼんじりの説明だ。話を戻すと、鳥は雨で羽が濡れたら体温が下がる。これは死につながりうる問題だ。そこで少しでも羽が水をはじくようにするために、脂によるコーティングが求められるわけだ。

羽に艶(つや)もなく、一回り小さくなったようなずぶ濡れのカラスが地面をうろちょろしているのを見ることがある。そのようなカラスは弱っており、おそらく長くは生きられない個体であろう。逆に、ポマードを塗ったかのように頭がビシッと整えられ、羽はきれいな青紫色に輝いているカラスもいる。これは脂がガッチリとコーティングされていて、体調万全、雨もどんと来い、という個体であろう。モテそうだ（図版1−6）。

さて、カラスが餌を見つけた時に出す鳴き声がある。短く繰り返す「カッカッカッカッ」

というもので、これは仲間に餌の在り処を知らせているのだ。「ここにマヨネーズがあるよ!」と言ってはいないはずだが、野菜くずがあった時よりもマヨネーズがあった時の方が興奮して若干声が高いとか、「カッ」が短くなって繰り返す回数が多くなるとかいうことがある……かどうかは、恐縮だがまだわからない。餌によって鳴き方が違ったら面白いので、いつか研究テーマにするつもりだ。

図版1-6　マヨラーぶりを発揮するモテそうな個体

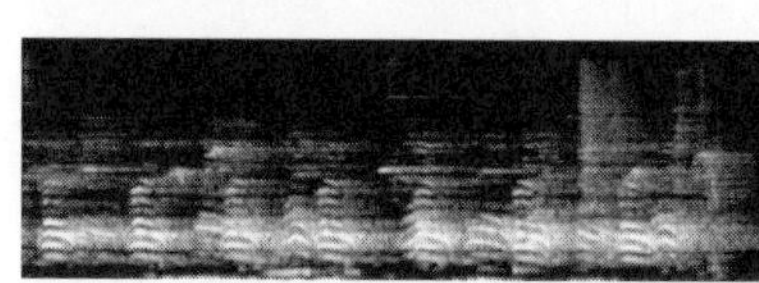

図版1-7　餌を見つけた時の鳴き声のソナグラム

こうした鳴き声の違いは私の耳と記憶だけでは分析できない。分析するための強力なツールが「ソナグラム」という、音を視覚化した図形だ。縦軸が周波数、横軸が時間、色の濃淡で音圧を示す。様々な音響学的パラメーターを読みとることができる。**図版1-7**は実際にマヨネーズを見つけた時の鳴き声をソナグラムにしたものだ。「カッ」という音が七回分記録されている。

図版1-8　図解！ マヨネーズ型カラス対話IoTデバイス

さて、前置きが長くなったが、「マヨネーズ型カラス対話ＩｏＴデバイス」の説明をしよう。これは、カラスの大好きなマヨネーズと、カラスが餌を見つけた時の鳴き声を使って、カラスを一時的に誘引しようとする装置である。使う場面としては、ゴミ荒らしに悩むゴミ集積所などを想定している。ゴミ収集車が来るまでの間、カラスからゴミを守るのだ。

例えば、あらかじめ人工知能を使って、カラスの姿がカメラに映り込むとカラスだと認識するシステムを構築しておく。次に、ゴミ集積所にカメラを設置する。そして、業務用マヨネーズの底をくり抜いたものを用意し（マヨネーズは中身をいくらか残す）、そこにBluetooth通信によって作動させることのできるスピーカーを仕込む。これがマヨネーズスピーカーだ。カメラがカラスの飛来を検知すると、マヨネーズスピーカーへコマンドが送られ、「餌発見！」の鳴き声が再生される。ゴミを狙って来たカラスが、その鳴き声の方に目をやると、そこには大好きなマヨネーズが！　こうしてカラスはマヨネーズスピーカーの方へ誘引される（図版1―8）。これが「マヨネーズ型カラス対話ＩｏＴデバイス」の仕組みだ。

子犬大のマヨネーズ

実はこのアイディアは、マッシュアップ・アワードMashup Awardsというものづくりのコンテストに出すために考えた。このコンテストは、面白さや奇抜さなどが評価されるようで、カラスのプロジェクトは相性が良さそうだった。カラスと対話するプロジェクトの根本構想は変えないでおいて、どうせなら見た目もコンセプトもできるだけ〝振り切った〟面白いものにしよう、という目論見で構想に至った。

当時フリーエンジニアだった鈴木由信氏もプロジェクトに加わり、末田氏と三人で開発を始めた。期間が短く予算もないため完成度が高いとは言い難かったが、ひとまず形にはなった。そして、「自分たちの住んでいる社会を少しでも良くするサービス」を評価する

CIVICTECH部門の決勝に進出することができた。

このスピーカーを仕込むマヨネーズだが、子犬ほどの大きさがある。スピーカーを仕込むためにそれぐらいの大きさが必要になってくるのだ。そんなもの日本のスーパーで見たことないが、有名な倉庫型小売店なら売っている。「子犬大のマヨネーズ」は例によって末田氏の表現。これも講演でつい使ってしまう。「マヨネーズ型カラス対話IoTデバイスには、子犬大のマヨネーズが必要になります」。たまにウケない時があって戸惑うが、めげずに使っている。看板は重要である。

言い添えておかなければならないが、このコンテストで私たちが狙ったのは発想の勝利であり、実際にこの装置でカラスを誘引できるかを確かめる実験はできなかった。これが優勝できなかった要因であろう。未だ実験はできずにいるが、いつか実現したい。

マヨネーズは逃がしたい

講演でこれもよく言うのが、「マヨネーズは逃がしたい」ということ。——何を言っているのだこの著者は。おかしいのか？と思われるだろう。「おかしい」の部分は間違っていない。

どういうことかというと、このマヨネーズ型カラス対話ＩｏＴデバイス、実用化するうえで一つ解決しておくべきなのが、マヨネーズにカラスをおびき寄せたあとの問題だ。本物のマヨネーズを使っているので、カラスは当然突っつく。それは恍惚の表情で一心不乱に突くことだろう。しかしこれでは「餌付け」になってしまう。一度良い餌があると学習してしまうと、その場に執着する可能性もあるため、逆効果になりかねないという問題だ。

そこで餌付けにならないよう、マヨネーズを「逃がしたい」わけだ。逃がし方のアイディアはすでにある。マヨネーズをラジコンカーに乗せて逃がすのだ！　センサーを備え、カラスと付かず離れずの距離を保てたら最高である。「マヨネーズ型カラス対話ＩｏＴデバイスには、子犬大のマヨネーズが必要になります。ただしマヨネーズは逃がしたい」——この文も今や意味が明快だ。開発協力者求む！

3　カラス版Ｓｉｒｉ

あなたもカラスと会話ができる！

我が家のｉＰａｄ（の音声アシスタントＳｉｒｉ）は私の息子の名を呼ぶ声に高確率で反応する。息子がイタズラをしている時に大きな声で「タイシ！」と呼ぶと、当のタイシは私にかまわず破壊の限りを尽くす一方、ｉＰａｄからは「ププッ、はい！」と返事がある。「ヘイ、シリ！」と聞こえたのだろう。これには「いいんだよ答えなくてＳｉｒｉは！」と苛立つことしばしば。一方で〝健気（けなげ）〟な人工知能に情を感じるのは私だけではないはず。音声認識アシスタント機能が優秀だし、イントネーションもかなり人間に近くなってきた。何より受け答えが秀逸だ。そのうち人はＳｉｒｉと人間を取り違えるだろう。

人が間違うならカラスも間違うだろう——末田氏との次なるクレイジーなアイディアはカラス版Ｓｉｒｉである。その前提となるのはカラスの「鳴き交わし」だ。

カラスは鳴き声を使い分け、意味内容のあるコミュニケーションを行う。あるカラスがアーと挨拶をすれば、近くのカラスたちは同じアーで次々と鳴き返す。縄張り内で異常事態が発生すれば、まずはお父さん（お母さんかもしれない）がアッアッアッアッと警戒の鳴き声を出し、お母さん（お父さんかもしれない）が同じく警戒の鳴き声を続ける。状況が悪化すれば、「警戒」の鳴き声はガーガーと濁った「威嚇」の鳴き声に変わるのだ。

このようにカラスの鳴き声にはいくつかパターンがある。あるカラスがAと鳴けば別のカラスはAと鳴き返す。あるいはBやCと鳴き返す。この反応は、あらかじめ録音したカラスの鳴き声をスピーカーから再生した時も同様に起きる。これを利用すれば、会話が可能になるのだ。しかしこれがカラスにとって自然な反応になっていないと、「おかしいぞ？」と思われる。こうなるとカラスの警戒モードが発動し、会話は成り立たなくなる。

ちなみに、人間による鳴き真似でも会話はできる。本当だ。試しに朝方、ゴミを荒らす集団を見かけたら、物陰に隠れて「アー」と優しい声で鳴き真似をしてみてください。数羽のカラスがきっと「アー」という同じ声で次々と鳴き返してくるはずです。

ほかにも、遠くでカラスが「アーアーアー」と三回鳴くのが聞こえたら、声色を似せて同様に三回鳴き返して、そのあとさらに「アーアーアーアーアー」と五回鳴いてみましょう。すると同様に五回、鳴き返してくれるはずです。

これは、カラス同士がお互いを確認し合う際の「鳴き交わし」だから成立するようだが、鳴き真似をする前に周囲を確かめておくのも、かなりおすすめだ。ある日の早朝に全力で鳴き真似をしていたとき、私はふと視線を感じた。おっ、だまされて様子を窺(うかが)いに来たな、と得意になってそちらを横目で睨むと――目が合ったのはカラスではなく散歩中の男性。私は「これがホンモノの科学者の研究態度ですよ」とばかりに平静を装って視線を戻しつつ、顔が紅潮する熱さを痛いほど感じていた。

Siriの実現とその先にあるもの

さて、カラス版Siriを作るうえでは、まずはカラスが鳴いたことを検知する必要がある。当時、立命館大学助教だった井本桂右(けいすけ)氏と、その検知システムの構築を試みた。

ここでは人工知能の学び方の一つである「機械学習」を使う。今では広く知られるようになったが、これは大量のデータから共通する特徴を見つけ出す手段で、人間が直感で判断していることをコンピュータにやらせようという発想に基づく。学習には「教師データ」が必要になる。教師データは「これがカラスですよ、覚えなさい」というお手本なわけで、コンピュータにとって先生となるデータセットである。これを用意する作業が非常に大変で、音声データの中に「ここからここまでがカラスの鳴き声です」と示す「印」を付けなければならない。データは多ければ多いほど人工知能は賢くなるので、最低でも一千、できれば一万ほどのデータ数が必要となるが、印を付ける作業は人力でやるしかないのだ！

私たちはこれに取り掛かった。晩酌を週二日（いや言い過ぎた）週三日ぐらいに抑え、PCのスピーカーから流れる鳴き声に耳を澄ませて、モニターのソナグラムとにらめっこする日々が続いた。そうしてついに約三千の教師データを作り、これを使ってカラスを認識するモデルを作り上げたのだ！　現時点ではほかの鳥の鳴き声もカラスと認識してしまうようなややユルいモデルではあるものの、カラスの鳴き声がしさえすれば、ほぼ漏らさず検知してくれる性能を実現した。

さて、カラスの検知はできた。カラスと意味のある〝会話〟を交わせるカラス版Siriを作るには、次のステップとして、それぞれの鳴き声を種類別に学習させる必要がある。つまり、挨拶や警戒、餌発見時など、それぞれの鳴き声について、一千以上の教師データを用意せねばならない。これはしんどい。カラスの鳴き声かどうかの判別は少しトレーニングすれば可能になる。しかし、この鳴き声は「挨拶」だとか、「警戒」だとか聞き分けられるようになるには相当な訓練が必要だ。今の私の耳でも、何回か聴き比べて行うような作業である。ひとまず私がシコシコやるしかないが、厖大な時間がかかる。これが、カラス版Ｓｉｒｉを作るうえでのボトルネックになっている……しかし最近になって解決策が見えてきた。でもこれは本当に企業秘密だ！

さて、このカラス版Ｓｉｒｉが完成したらいったい何ができるのか？　第一に、賢いカラスたちが面白がってくれるだろう——。いやいや、そうじゃなくて、我々はカラスをだましたいのだった。例えばカラス版Ｓｉｒｉをロボットに搭載すれば、そのロボットを本物のカラスと勘違いしてくれるかもしれない。ロボットでなくても林の中でなら、スピーカーから鳴き声を再生するだけで、そこにカラスがいると思わせられるかもしれない。

応用例を考えてみよう。カラスにいてほしくない場所では「カラスに居心地の悪い」雰囲気を作ってやればいい。カラス版Ｓｉｒｉを複数用意し、Ｓｉｒｉ同士で会話させればより自然だろう。その会話に本物のカラスたちを巻き込めたら成功だ。まず、挨拶から始まる自然な会話をカラス版Ｓｉｒｉで続ける。しばらくしたら、「ん？　変なやつがいるぞ」「ヤバいヤバい」「逃げろ！　逃げろ！」みたいな会話をＳｉｒｉ同士で行う。これを聞いたカラスたちは勘違いしてくれるはずだ。カラス版Ｓｉｒｉの完成に、乞うご期待！

うけど。

4　剥製ロボットができた

剥製を攻撃してくれー

「剥製を攻撃してくれー」と願った人は有史以来私ぐらいだろう。有史以前もいないだろ

ある暑い夏の日、私は、剥製がカラスに襲われる場面を待ち焦がれつつモニターを覗いていた。ここは総合研究大学院大学（総研大）、私の前職場である。カラスには縄張りがある。この縄張り内で、スピーカーから別のカラスの鳴き声を流すと、カラスはスピーカーの周辺を行ったり来たりして大騒ぎする。縄張り内に侵入者があったと勘違いするのだ。しかし侵入者の姿が見えないのでカラスも戸惑う。——では、スピーカーのそばにカラスの剥製を置けば、これが侵入者であると判断されて剥製が攻撃されるのではないか？　鳴き声だけでこの大騒ぎなのだから、剥製が〝実物〟として登場すれば、これがズタボロにされるに違いない——。そう思い、「カラス　剥製」でウェブ検索。あったあった、カラスの剥製を売っている剥製屋さんが。東京都武蔵野市にある「アトリエ杉本」だ。いったい、

どんな人がカラスの剥製を買うんだろう？　「カラスマニア」がいるのか？と、不思議に思いつつも発注した。ちなみに、後日アトリエ杉本に話を伺うと、画家が絵を描くために買うことが多いそうで、けっこう売れ筋らしい。

図版1–9　芸術品を草木と静寂が包んだ

さて、立派な剥製ハシブトガラスが届いた。青紫色に輝く羽根はとにかく美しい。生きたカラスそのものと思わせるいでたちは職人ならではの出来で、もはや芸術品だ。これをカラスにズタボロにしてほしいなんて、作った人の前ではとても言えない――。カラスの前に差し出してもいいものか、かなり躊躇したが、結局、私の探究心が勝った。

そして、総研大の敷地内に縄張りを構えるカラスペアのもとへ、剥製とスピーカーを抱えて赴く。カラスに気づかれないよう素早く剥製とスピーカーを設置して大急ぎで戻り、身を隠した。スピーカーからカラスの鳴き声を流す。スピーカーに備え付けたカメラからモニター越しに様子を窺う。ゴクリと唾を飲む。背中をツーっと汗がつたう。スピーカーから「アー」と鳴き声が響く――「さあ、剥製を攻撃してくれー」

開始から三分ほど経った頃だろうか、黒い影と羽音が近づいた。期待に満ち満ちて胸の鼓動が高鳴る。息をするのも忘れる。「来い来い来い来い、めちゃくちゃにしてくれー」――ガッガッガッガッ！　……カラスが剥製を突っつく！　……二羽が代わる代わる攻撃しまくる！　そして哀れな剥製への攻撃は延々と続く！　……はずが、十分間にわたって続いたのは間の抜けたような「静寂」だった（図版1―9）。私はあきらめた。

受賞したけど臭かった

カラスたちはまったく姿を見せなかったわけではない。鳴く剥製を一瞥（いちべつ）して去る、薄いリアクションは見せてくれた。芸術品を鑑賞したのか。だとしても素っ気なさすぎだ。一声も鳴きはしなかった。縄張りへの侵入者をなぜ攻撃しない？　実験後、ペアの発する「アー」は「アホー」にしか聞こえなかった。浅知恵がバカにされている……。

かくして芸術品は守られたのだが、なぜこれほど反応が薄かったのか？　スピーカーだけの時よりも薄かったのだ。設置の仕方が悪かったのか。原因は様々に考えられるが、剥製が、生きたカラスであると認識されなかったことは間違いなさそうだ。その最大の原因は、剝製が「動かなかった」ことだと我々は結論した。――「じゃあ動かそう」。末田氏と私は剝製をロボット化することに決めた。とにかくカラスをだましたい。それが我々のモチベーションだった。

剝製をロボット化するとは、つまり「動く剝製」を作るということ。じつにシンプルな思いつきだ。しかし実際の製作は難儀を極める。ここで幸運なことに強力な共同開発者を得た。その一つが木更津工業高等専門学校（木更津高専）だ。教授の栗本育三郎氏がたまたまシンガポールを訪れて末田氏と知り合い、学生諸氏との共同開発が始まったのだった。学生は非常に優秀で手もよく動き、ロボ開発もチョチョイのチョイである。ほどなくして「動く剝製」が完成した（図版1−10）。（おまけにこれで文部科学省主催サイエンス・インカレ奨励表彰を受賞した！）

図版1−10　受賞した初号機。臭い

さてこの剝製ロボ初号機、動くのは頭と尾羽である。本物と思わせるには動きが重要だ。精確に制御するためには、ラジコンなどで使われているサーボモーターと呼ばれる発動装置が好適と考え、これを首の根元と尾羽の付け根に組み込むことにした。頭の方は二つのサーボモーターにより、水平方向と垂直方向の両方の動きが可能になっている。つまり縦横斜めにぐりんぐりんと首が回るのだ。また、尾羽の根元すなわち「ぼんじり」部分のモーターによって、カラスがクイッと尾羽を動かすしぐさが再現できる。これはいい！　動きを制御するコンピュータは、「ラズベリー・パイ」という名の、電子工作などで使われるマイコンだ。モーターや配線を格納する筐体（きょうたい）も必要なので、羽をむしったカラスを用意した。いわゆる丸鶏（丸烏）だ。もちろんそのまま使うわけではない。この丸烏を3Dスキャンして3Dプリントすれば、外観は丸烏で中が空洞の筐体になる。ここにロボットの機構を仕込んでスピーカーを接続した。これで、頭と尾羽が動き「カー」と鳴けるようになる。そこにカラスの剝製の外側をかぶせた。

ちなみに受賞した初号機は臭い。ある学生に作ってもらった剝製を使った（名誉のため名は伏せよう）。最初の洗いや最後の乾燥など、どこかの工程が少しまずかったようだ。

さて、カラスをだますには、動きも重要だが、見た目はもっと重要だろう。初号機は、臭いはともかく見た目もみすぼらしかった。見た目がこれで動きがあれではカラスにとってもホラーだ。そこで、前に剝製を買ったアトリエ杉本に相談してみたら、面白がってくれて「二号機」の製作に力を貸してもらえることになった。

ふつう剝製を作る時は死骸の形をもとに「芯」を作る。骨だけでなく肉の部分も再現したものだ。その芯に、肉などを取り除いた皮をまとわせる。乾燥前の皮は伸びるので、伸ばして形を整えたうえで、針や糸などで固定し、

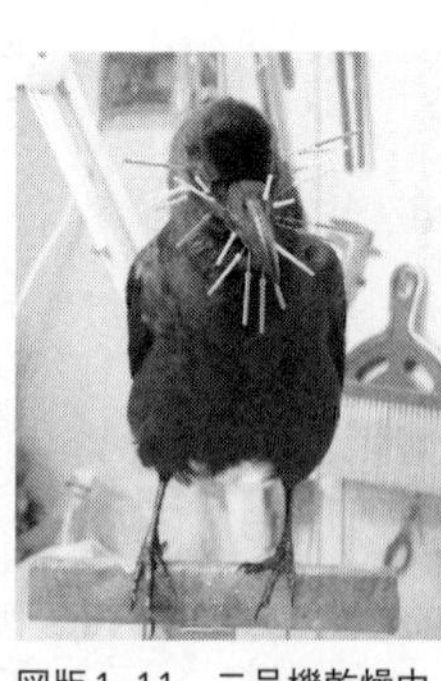
図版1–11　二号機乾燥中

それを乾燥させれば剝製が完成する。

二号機は、こうした剝製の作り方を応用して製作した。まず芯が作られ、木更津高専へ送られる。芯を3Dスキャンし、プリントして筐体を作成する。木更津高専にて作られた中身のロボ機構をこの筐体に格納し、それをアトリエ杉本へ送る。芯と同形の筐体に剝製の外側をかぶせ、乾燥させる（図版1–11）。あとは配線をセットアップしたら完成だ。

さすがプロの仕事。二号機は本物と見まがう美しいいでたちだ。そして臭くない。

興奮して首がもげた

しかし二号機は配線や制御のコンピュータが外へはみ出しており、実験には不向きで

あった。さらに改良を重ね、持ち運びしやすい三号機が誕生した。これで、いよいよ実験だ。

向かったのは私の母校、宇都宮大学。ここにもいくつかペアの縄張りがあり、その一つをターゲットとした。朝六時、運動場を散歩する近所の方々の目につきにくい木陰へ、三号機を設置。カラスに見られぬよう、設置の直前まで黒いゴミ袋で覆って持ち込む慎重さだった。ゴミ袋を外し、急いで車に乗り込む。リモコンのスティックを操作して頭と尾羽を動かす。そして同時に挨拶の鳴き声を再生した。

そして「アー」という鳴き声がスピーカーから流れた直後、「アッアッアッアッ」という鳴き声が近づいた！　この短く強い繰り返しは「警戒」の鳴き声だ。鳴き声の主は木の枝や建物の間をあっちこっちと行き来する。三号機の頭上に来ると鳴き声が「グァー」という「威嚇」に変わった。そして糞をポトリ。クチバシで木をこすり、枝を落とす――。そう、めちゃくちゃ怒っているのだ！

スピーカーだけの時よりも明らかに強い反応だった。そして散歩中のお母さんも大注目だ。早く離れてお母さん！　この種の実験をしているとよく声をかけられる。街中の動物を研究対象にしていて一番の苦戦相手になるのは動物ではなく、散歩中の人間たちである。

　三号機に対するカラスの反応は上々だった。これまでは、群馬県のとある公園での実験が最も強い反応を引き出せた。三号機の間近までカラスが接近したのだ（図版1―12）。そこはどうやらある家族の縄張りだった。いつものように車の中からロボの動きを操作し、挨拶の鳴き声を流す。すると、鳴き声は「警戒」から始まり、「激しい威嚇」へと変わった。子育て中の親ガラスなのか？　そしてバサバサバサと、なんと三号機から二メートルという距離まで近づいてきた。そしてさらに間合いをつめる！

図版1–12　大接近!!（左が本物）

　私は大興奮だ。このとき撮っていたビデオには、私が思わず漏らした「おもしれー」という声が残っている。激怒するカラスより興奮した私はリモコンで三号機の頭をグリングリンと激しく回した！　すると、とたんにガクンと頭の動きが鈍くなった。私の動かし方が激しすぎたせいで、首が半分もげたらしい。それを見た親ガラスは慌てて飛び去った。念願の「剥製への攻撃」まであと一歩というところだったのに……。しかしカラスからすれば相当な恐怖だっただろう。見知らぬカラスがすごい勢いで頭を動かしながらずっと「挨拶」をしている。追い払ってやろうと近づいたら急に首がもげたのだ。

もう少し検証が必要だが、もしかしたらカラスをだませていたのかもしれない。実験は続ける予定だ——剝製が攻撃される日まで。

5　空飛ぶカラスロボットを作った

声をかけたくなる人

少し時間をさかのぼろう。二〇一四年の十一月、私はシンガポールを訪れた。ここには日本人研究者のネットワークがあって、友人である佐藤隆史氏が連日連夜おもてなしの場をセッティングし、様々な研究者を紹介してくれた。同行した同僚の女性が「四日で五キロ太った」と嘆くほど贅沢な宴席の連続！　その中でこんな人と出会った。

「ドローンにつけたカメラで地上を見ていて、人が映ると『おーい』と声をかけたくなるんですよね。ドローンに眼（カメラ）だけじゃなく耳もつけて、会話がしたい」。在星五年という、日に焼けた肌の人物。Ｋｏｈ（コウ）というファーストネームも手伝って、まず中国人やシンガポール人と間違えられるという。これが末田航氏だった。ドローンに耳をつけて地上の人と話がしたい⁈　発想が斬新すぎる。このとき、正直ちょっと危ない人かなと思ったことは今でも内緒だ。

末田氏の専門はコンピュータサイエンスだ。特に「ヒューマンコンピュータインタラクション」という分野、つまりコンピュータを介した人と人のコミュニケーションなどを研究しているらしい。後々、この分野にまつわる方々とたくさん知り合うが、末田氏だけでなく彼らの発想の自由さには、いつも強い刺激を受ける。末田氏は言った。

「自宅近くの公園で毎朝ドローンを飛ばしているので、見にきませんか？」

日本ではドローンという言葉が聞こえ始めた頃だった。物珍しさでちょっと見てみたいと思い、翌朝には末田氏の自宅へ。彼の操作するドローンは「固定翼機」だった。ドローンというとプロペラで垂直に上昇する「回転翼機」がイメージされがちだが、末田氏のドローンは旅客機のような形だった。ドローン（無人航空機）の定義は「人が搭乗しない航空機」であるからして、固定翼機も立派なドローンなのだ。

このドローンにはカメラが搭載され、映像はリアルタイムでゴーグル型のディスプレイへ映し出される。ディスプレイを覗くと、気分はもう鳥だ。——「これにスピーカーを載せて地上の人に声をかけたくなるんですよね」。なるほど、この「没入感」で大空を「滑空」していると確かに地上の人に声をかけたくなってくる。鳥の眼ならぬドローンの眼を体験した私には、ごく自然に、これはカラスをだますのに使える——という考えが浮かんだ。

「カラスと会話しませんか?」

その日私と末田氏は、シンガポール国立大学内の中華レストラン「秀才」で昼ごはんを食べた。大学内のレストランなんて……と侮るなかれ、さすがシンガポールの中華料理はレベルが違う。名前にふさわしく料理はどれも絶品。特に北京ダックが安くて美味。幸福感に満たされた帰り道で末田氏を口説きにかかる私——「人じゃなくてカラスと会話しませんか?」「いいですねえ! やりましょう!」。二つ返事で、我々の「カラスと対話するプロジェクト」がスタートしたのだった。

その二カ月後、総研大に末田氏の姿があった。分野の異なる専門家との共同研究では、用語や価値観が違うために予想外の困難が生じがちな半面、出てくるアイディアがとにかく斬新だったりする。我々のプロジェクトは速度を増しながら進んでいった。

ここで問題発生。我々のプロジェクトには重要なもの――そう、先立つもの――が欠けていた。ドローンの部品を揃えるにも、シンガポールと往き来するにも資金が要る。そのためのアルバイトなどしていられる局面ではなかった。この頃から本格化していたクラウドファンディングに目を付けたのも当然の成り行きで、その中でも「academist」というクラウドファンディングに挑戦することに決めた。

通常、研究者は公費への申請や企業との共同研究によって資金を得る。academistも研究費獲得を目的とするが、その原資を一般市民に求めるわけだ。研究者支援の新しい形となったacademistは、柴藤(しばとう)亮介氏によって作られた。前例のない仕組みであったため、初期にはとてつもない苦労があったと聞く。私たちは彼にも非常にお世話になった。

さてクラウドファンディングが新しい形といっても、黙っていればチャリンチャリンと支援金が集まる仕組みなわけではもちろんない。ここで自分の研究がどれだけ面白いかをアピールせねばならないのだ。研究者の熱い思いを伝える場だと張り切って、FacebookやTwitter、そして対面の場で、支援を呼びかける営業活動をやった。その甲斐あって、六十万円超の支援金が集まった。十分な金額とは言えないが、ひとまずのスタートアップ資金になった。資金面より効果があったのがＰＲ面で、この営業活動がきっかけでメディアから取材依頼が多数来て、それがさらに支援や出会いにつながっていった。

わざわざ元パイロットに頼む

欠けていたのはお金だけではない。ドローンの操縦技術もなかった――そこへ「救世主」が登場。元パイロットの大井千明氏だ。世の中には「子供の頃の夢を叶えた人」が本当にいるもので、飛行機好きが高じて本当に飛行機を操縦する人になったのが大井氏だった。私はといえば――子供の頃、何になりたかっただろう？「料理人」だったような気もするが……今は「カラスをだます人」である。もとい、パイロットだからってラジコンが得意ってことはないだろう、と言われたらその通りだが、大井氏はパイロットになる以前、ラジコン飛行機が趣味だった。飛行技術は神業！

なぜ操縦技術が必要か？　ドローンはとりあえず本体を作ればいいというものではない。作るための電子工作技術と同時に、操縦の知識が必要だからだ。私は「理系」だが生き物相手の商売が長いので……いや、そうでなくても初めから両方ともチンプンカンプンだ。電子工作は誰かの力を借りるとして、飛行の方はカラスドローンを作った自分がやりたい。しかし技術の習得には時間がかかっていた。初めは末田氏の指導下でコントローラを握ったが、機体を二度も行方不明にしてしまった（今でもトラウマだ）。このご時世では、カメラやらGPSやらの電子機器を満載したラジコン飛行機は怪しまれて当然（図版1―13）。即、一一〇番通報されても文句は言えない。（ちなみに行方不明機は、善意の方から、お小言とともに回収された。）ともあれ、せっかくシンガポールで開発が進んでも、私の方の技術とのすり合わせは末田氏が来日したときしかできない――これはプロジェクトの障害だった。

図版1−13　色々搭載したカラスドローン初号機

そんなある日、末田氏が滞日中の休暇で鎌倉を観光していたとき、一緒にいた友人に我々のプロジェクトのことを話した。すると、ちょうど鎌倉近くにラジコン飛行機のサークルがあって、「神テク」を持つ導師（グル）がいると教えられた。そして、その日のうちにグル――大井氏である――の家を訪れるところまで行ったのだ。

導師は興味を示した。とんとん拍子に話が進んで、今では我々のプロジェクトにボランティアでご協力いただいている。おかげでドローン開発は劇的に進んだのだった。

鳴き声搭載ドローンの成果は……

さて、スピーカーを搭載し、カラスの鳴き声を発するドローンができた。早速飛ばしてみよう。おお、「カー　カー」と鳴きながら飛ぶではないか。そしてどこから飛んで来たものか、トビが追いかけている！　仲間と思ってくれたのかはわからないが、その後、かなりの頻度でトビが近寄ってくることはわかった。固定翼機の飛び方ゆえかもしれない。固定翼機は上空でプロペラを止めれば滑空状態になる。プロペラの音も消えた状態はトビの飛行スタイルと酷似する。サイズも近いし、遠目に見るとトビそのものに見える。

肝心のカラスはついてきたのか――。若干距離はあるが、一羽のカラスがドローンの航跡に入った。意識している様子が窺える。まぎれもないカラスの鳴き声を発しながら飛ぶ怪しい飛行体を、カラスは何だと思っているのか。その時はほどなく姿を消した。

最終的には、ドローンを使ってカラスを任意の場所へ連れて行くのが目標である。そのためにはカラスにドローンを同種だと思わせる必要があると思っている。――同種と思わせずとも誘導ができるのならそれでも目的は果たせるのだが……。

横須賀市の〝お困り〟現場で、大井氏の操縦のもと、このドローンを飛ばしてカラスの反応を見る実験をやった時の話をしよう。

木立にカラスが数十羽とまっているところへドローンを飛ばした。木立の上空で音楽プレーヤーのスイッチを入れるとドローンが「カー　カー」と鳴いて……カラスが一斉に飛び立った！　そしてドローンを追いかけ始めたではないか！（図版1―14）　私の胸は高鳴った！

十五羽以上のカラスがドローンを執拗に追いかけている！　私は大興奮でビデオカメラを回す……しかし興奮は三分で冷めた。カラスたちがポツリポツリと、もといた木に戻っていくのだ。「カー　カー」と、木立の上空をドローン一機が虚しく飛ぶ。そこで一旦ドローンを戻したあと再度飛ばしてみた。すると、二羽が申し訳程度に追いかけたあと、戻っていった。

図版1–14　ドローンをカラスが追いかけた！

ドローンを使ってカラスを操るには、見た目をカラスに近づける必要があるのかもしれない。剝製の羽を使ったものを、先述の木更津高専と共同開発中である。このドローンの制御は非常に難しい。安定飛行にはもう少し時間がかかりそうである。

「バードロン」を本当に作るために

さすが秋本治！　『こちら葛飾区亀有公園前派出所』の「ドローン来襲の巻」（『週刊少年ジャンプ』二〇一五年六月一日号）で主人公・両さんが、まさに我々が目指すカラス型ドローン「バードロン」を紹介したのだ（図版1－15）。音声で始動し、鳥のように羽ばたいて飛び、電線で充電する。そして歩く。ドローンのバッテリーの弱点まで考慮されていて舌を巻いた、ただ一点、着色方法だけが気になった。次章で述べるが、黒く塗っただけでは、紫外線を認識できるカラスをだませないからだ。（両さんがだましたい相手は人間だったから問題なかったが。）

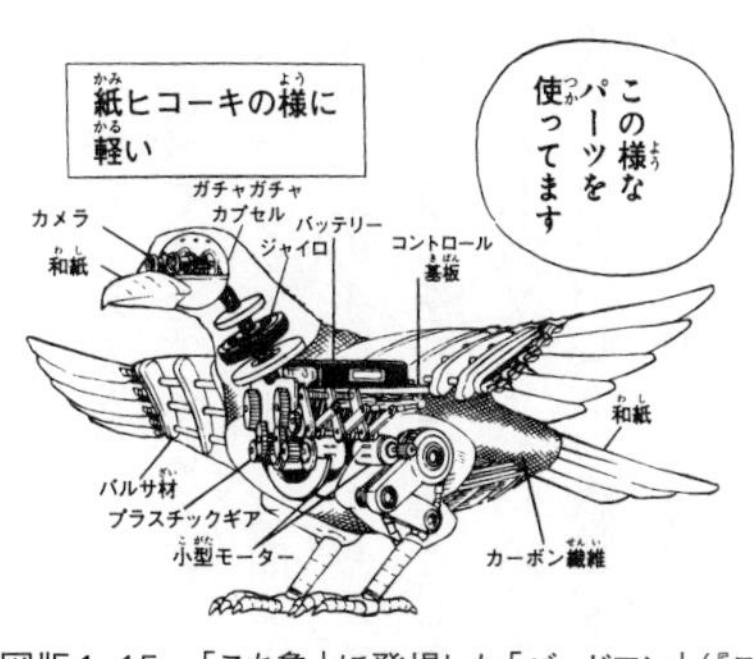

図版1–15　「こち亀」に登場した「バードロン」（『こちら葛飾区亀有公園前派出所　197』より。©秋本治・アトリエびーだま／集英社）

私も『ジャンプ』に連載を持っていたら秋本先生よりも早くカラスドローンを紹介できていたかもしれないが、これは叶わなかった。一方で、似たことを考える人はいるものだと感心。だが考えついても本当に作ろうとする人は多くない。というか我々以外いないのだ。

私はこれまで二十年近く、鳴き声を中心にカラスの生理・生態を調べてきた。物陰に隠れて観察し録音を重ね、車を駆って山野をめぐった。カラスを捕まえ、飼い、解剖し、肉を食べてきた。そして随一のカラス・ソリューショニストを（さっきから）名乗っている。ロボットとドローンは開発中だが、いずれも「カラスと対話する」ため、「カラスをだます」ための手段だ。あらためて読者の方々とともにこの探求を続けよう。そのために次章は「カラスを知る」場としたい。

人間目線で考えているうちは、カラスをだませない。そもそもカラスとヒトでは感覚が異なるのだ。ヒトの感覚でカラスをだまそうとしたところで、「アホ〜」と鳴かれてしまうのがオチだ。我々はカラスになりきらなければならない！

第二章　カラスになりきる

1　カラスが見ている世界

「カラスは黄色が嫌い」って言い出したの誰だ

カラスになりきるために、まず視覚について知ることから始めよう。

「カラスは黄色が嫌いなんですよね？」とよく聞かれる。色に好き嫌いはあるだろう。私は赤が好きだ。自転車も赤、スーツケースも赤、手帳もここ数年は赤だ。嫌いな色と言われれば、例えば服なら紫は選ばないが、近づきたくないぐらい嫌いというわけではない。そもそも近づきたくないほど嫌いな色がある、なんて人はいるのだろうか？

……間違えた。「カラスになりきる」と「カラスのつもりになる」は微妙に違った。でもこの件はこれでいいのだ――「カラスにも、近づきたくないぐらい嫌いな色なんてない」のだから。研究者としては勇気がいるが、ここは敢えて断言してしまっていい！

「カラスは黄色が嫌い」説の出処は、実は明らかだ。何を隠そう、我が師・杉田昭栄先生が開発した〝黄色い〟ゴミ袋なのである。まずはカラスの視覚を簡単に解説しよう。

カラスは我々ヒトには見えない紫外線を認識できる。しかも感度が非常に高い。これは物を識別するうえで紫外線が重要な役割を果たしていることの現れだ。
朝のゴミ捨て場。美しい太陽光の下で収集車を待つ、輝かしいゴミ袋の山。それを私たちがうっとりと眺める時は可視光線の反射によって、カラスが「食い物食い物食い物」とガツガツしながら見つめる時は紫外線の反射も使って、対象を認識している。だから、もしゴミ袋が紫外線を遮断する材質なら中身が見えにくくなる。今や見かけなくなった黒いゴミ袋が可視光線を遮断するためヒトに中身が見えないのと同じことだ。

図版2–1　「『中が見えないな』と思っているカラス」を再現した剥製。ゴミ袋は黄色だ

杉田師考案のゴミ袋には、紫外線をカットする特殊な顔料が練りこまれている。カラスにはどんな色に見えているか聞いてみたいが、我々の「カラスと対話するプロジェクト」はまだ色を訊ねる段階には達していない。もとい、ゴミ袋の特殊顔料が可視光を部分的に吸収するため、ヒトにとってはたまたま黄色に見えているのだ。

科学者たるもの師を疑うのも当然。「本当に効果があるのか?」と、このゴミ袋に餌を入れ、実際にカラスに見せてどう反応するか実験してみたことがある。実験の餌はたいていドッグフードだ。通常の半透明のゴミ袋と、この黄色いゴミ袋を並べ、両方で袋の内側にドッグフードをセロハンテープで貼り付けて、カラスに見せてみる。すると半透明の方はピンポイントで突っつかれ、黄色い方はめちゃくちゃに突かれてしまった。この場合餌があるとわかっていたが中身が見えないため、当てずっぽうで突いたわけだ。

この黄色いゴミ袋、いくつかの自治体で「指定のゴミ袋」になるなどヒット商品になり、メディアでもずいぶん取り上げられた。「ガッテン!」が谺(こだま)する番組では「幸せの黄色いハンカチならぬ黄色いゴミ袋でカラス撃退」みたいな表現で色が強調された。もしかしたらそこから、「黄色は効果がある=カラスは黄色が嫌い」という図式が生まれて、黄色嫌い説が独り歩きを始めたのかもしれない。ともあれ、こうして巷のカラス対策グッズが黄一色になったと記憶する。

ちなみに、紫外線をカットしない単なる黄色のゴミ袋も売られている。この場合、カラスには中身が丸見えだと考えていただきたい。

ヒトとカラスの視覚の違い

精巧な食品サンプルは店頭で食欲をそそるには十分だが、いかに精巧でも、目を凝らせば本物でないとわかる。カラスも同じだ。屋外で太陽光の下、サンプルのハムと本物を並べて見せれば、満腹でないかぎり本物のハムに一目散だ。成功率はほぼ百パーセント。

さて、カラスが物を見るうえでは紫外線が重要な役割を果たしているのだった。じゃあ紫外線をシャットアウトしたらどうなるのか？　――さあ実験だ。

まず、太陽光を避けて屋内へ。さらに紫外線をゼロに近づけるため、「紫外線カット蛍光灯」を用意する。蛍光灯は若干の紫外線を出しているからだ（白熱電球はもっと出ている）。この下でカラスにサンプルと本物を見せたら――本物を選んだ確率は約五十パーセント。みごとに当てずっぽうである。かわいそうだがカラスは当日の朝ごはん抜きで、お腹はペコペコだった。紫外線がなくなると、食欲にもかかわらず本物とニセ物の区別がつかなくなるのだ。

ついでに、同じ光環境下でヒトにも同じ実験をやってみた。空腹カラスと同じ距離を置いてサンプルと本物を見てもらい、どっちがハムですか？と聞くと、四人全員が本物を選んだ！　ヒトは食事を抜いたりしなくても実験ができるから楽だ。カラスの実験を全部ヒトでやれたらもっと楽だろう！　とはいえ、謝礼なしで動員できた後輩たちは事後的な（ドッグフードではなく居酒屋での）「ごほうび」を期待していたため、毎度財布が軽くなるのは難点だった。

さて、この実験結果はカラスとヒトの視覚の違いを示す好例である。やはりカラスが物を見るときは紫外線が決定的に重要なのだ。「紫外線の反射」がないと色がわからなくなってしまうのかもしれない。やはり師の黄色いゴミ袋はみごとな商品であった。

カラスの眼から目薬

紫外線は生体組織を酸化させるため危険だ。カラスが紫外線を積極的に利用しているとして、どうやって眼の組織を守っているのだろうか。大学院を終え、ポスドクでカラスの視覚を研究している時に思った。文献にあたると、哺乳類ではその仕組みが明らかにされていたが、鳥類では未解明だとわかった。もちろん、カラスで調べることにした。

最も紫外線にさらされやすい角膜を採取し、様々な方法で分析していると、脂質を運ぶタンパク質が大量に含まれていることがわかった。確かにカラスの角膜は非常に脂っこい。眼の解剖をするとシャーレにすぐ脂が浮くのだ。この脂がポイントなのでは？

一般に脂質は真っ先に酸化される。なぜそんなものが大事な「眼」にあるのか……もしかして脂質が「身代わりに」酸化されることで眼を守っているのでは？　私はそう思いついて仮説を立てた。すなわち、角膜にある脂質は紫外線によって細胞より先に酸化され、それを角膜に存在するタンパク質が運び、肝臓で代謝されて無毒化されるのではないか。

仮説全体の立証はともかく、部分的な検証ならできる。角膜とレンズ（水晶体）の間は眼房水という組織液で満たされている。角膜から脂質が運ばれる過程では脂質が眼房水を通るはずで、この眼房水を分析すると、想定通り酸化された脂質が多く含まれていた！部分的な証拠にはなるだろう。もしかしたら、雪目(ゆきめ)など眼の日焼けを防ぐ目薬の開発に結びつくかもしれない。サングラスなしでスキーができる日が来たら……カラスのことを思い出してほしい！

2　カラスが嗅いでいる匂い

鼻が悪い証拠

「動物は鼻がいい」というのも根強い〝常識〟だ。では、ゴミ荒らしをするカラスは、どうやってごちそうを見つけているのか？　――実は、視覚と、学習によるのだ。〝常識〟に照らせば「匂いに寄ってきている」というのが自然な発想だが、ゴミの臭いに敏感なのはむしろ人間の方で、だからそう考えてしまうのだ。実態は違う。カラスは鼻が利かない。

こんな実験をした。タッパーの容器を二つ用意する。一つにはお湯でふやかしたドッグフードを入れ、もう一つには何も入れない。蓋は、中身が見えない程度に穴を開けた「紙」だ。私たちヒトが近づけば、どちらがドッグフードかはすぐわかる。ふやけたドッグフードの匂いがプンプンするからだ。

二つのタッパーを、空腹のカラス（また朝食抜きだ）に選ばせた。結果は……そう、私も正直驚いた。腹ぺこカラスがドッグフードを最初の「突き」で当てた確率は約五十パーセント。当てずっぽうだ。匂いで判断していない。これは相当鼻が悪そうだ。

証拠はほかにもある。脳には嗅覚を司る「嗅球」という部位があるが、カラスの嗅球は痕跡程度しかなく非常に小さい。ちなみに鳥でも水鳥の仲間は嗅球が発達している。パートナーや食べ物を探すなど、重要な機能を担っているからだ。写真を見ると、ほかの鳥に比べてカラスの嗅球の小ささがよくわかるだろう（図版2―2）。

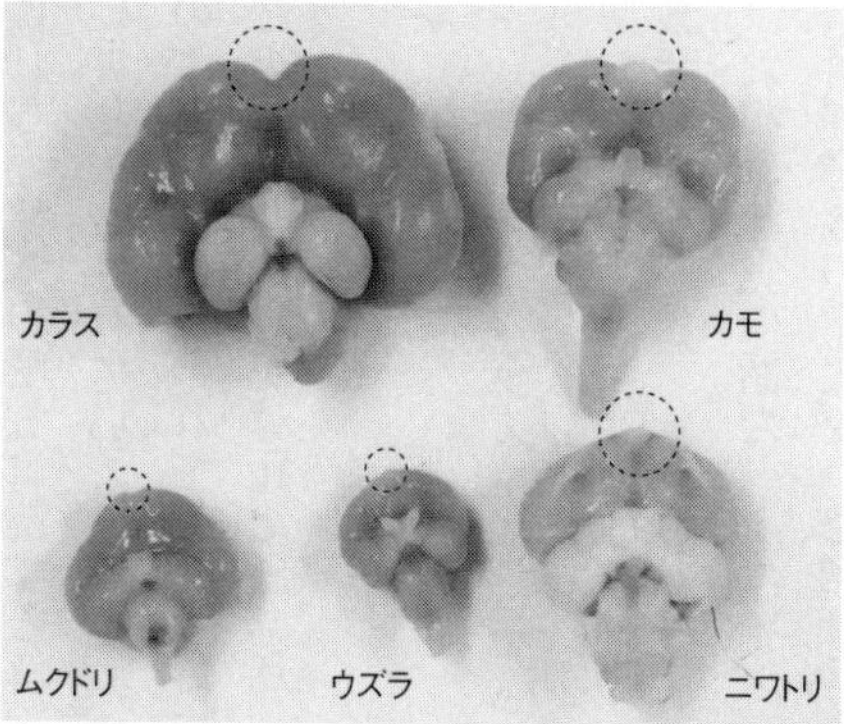

図版2–2　鳥の脳と嗅球（破線囲み）の色々。カラスにも、痕跡……はあるのだが、そもそも見えない

脳自体はどうか。上の図版でもわかるが、ヒトで言う大脳部分はかなり大きい。解剖するとこれが、ぶりん、と大威張りで出てくる。よく賢いと言われるカラスだが、私のミッションは賢いカラスをだますこと。実践的な方向に関心が向いているので、脳の話なら――ここは師匠の宣伝でお茶を濁しておく――杉田昭栄著『カラス学のすゝめ』（緑書房）がおすすめだ！

話を戻そう。脳の嗅球から鼻へと伸びる神経も、カラスはか細い。これらが、カラスの鼻の悪さの、解剖学的証拠なのだ。私もかかわったが、これらカラスの嗅覚に関する解剖学的研究は、日本獣医生命科学大学教授の横須賀誠氏らにより報告されている。ちなみに、ハシブトガラスとハシボソガラスの鼻は毛（鼻毛？）のような羽に覆われて見えない。クチバシの根元付近をそっとめくったところに、ポコッと空いている穴が鼻孔だ。

3　カラスが感じている味

激辛も平気

お次は味覚の話だ。

料理好きの学生だった私は、よく後輩を家に招き料理を振る舞っていた。初めのうちは丁寧に出汁をひき、野菜も面取りして形が崩れないようじっくり煮込む料理などしていたが、そのような逸品をテーブルに出すと、ピラニアの群れに投げ込まれた丸鶏のように瞬く間に食べ尽くされてしまう。君たちまったく味わってないだろう……。このワンダーフォーゲル部一同はみんな金もなく飢えていた。お湯でふやかしたドッグフードでもよかったのかもしれない。その後はせいぜいモヤシの塩炒めぐらいを出すようにした。

さて、ワンゲル部諸君をバカ舌とは言わないつもりだが、カラスは相当なバカ舌であると私は思う。私の研究室の友人が行った、カラスの味の好みに関する実験がある。ふやかしたドッグフードを入れたタッパーを二つ用意する。片方はそのまま、もう片方には、塩味や苦味、酸味など様々な味をスプレーで振りかける。これは、いじめではない。カラスに嫌いな味があるか、というカラス対策を見据えた実験でもあるのだ。このときはカプサイシンの刺激に期待が集まっていた。シュッシュッとカプサイシン入りの水を吹きつけるが、カラスは気にせずバクバク食べる。徐々にカプサイシンの濃度を上げていくが、バクバク食べる。実験準備室の空気がむせ返るぐらいの濃さになる。目が痛い。鼻が痛い。実験者の友人はマスクをしている。カラスはバクバク食べた。ほかの味でも同様だった。酢も目に染みてつらいほどだったがカラスはバクバク食べた。これをバカ舌と言わずしてなんと言おうか。

そもそも鳥類はカプサイシンの刺激を感じにくいようだ。これは鳥とトウガラシの共進化だと考えられている。哺乳類は食べ物を歯ですりつぶすので種も台無しになるが、鳥類は歯がなく丸呑みなので種は残る。食べた鳥が空を飛び、遠くへ運んで、消化されず糞として出てきた種は別の土地で芽を出すのだ。トウガラシは哺乳類に食べられないように（逆に言えば鳥類だけに食べてもらえるように）カプサイシンを蓄えているのだ。我々ヒトには辛味として認識されるカプサイシンだが、カラスは同様の刺激を感じていない可能性が高い。

ヒトが物を味わうのは舌だが、カラスの舌は硬い。ぐにゃぐにゃ動かせるような柔らかさはなく、爪ほどではないにせよ、しっかりした硬さだ。食べ物を味わう舌というよりも、食べ物を機械的に食道へと運ぶ舌、というのが役割のようである（図版2−3）。

図版2–3　味わう役割はなさそうな舌

私は料理を作るのも食べるのも大好きだ。だが、グルメだよねーなどと言われると全否定する。私にとっての「グルメ」（グルマン）の典型は『美味しんぼ』の海原雄山だ。人間性を捨てても食への妥協を拒否するという、現実にいたらさぞ迷惑な人の生き方に感銘を受け、本気で惚れ込んで目標にしていた時期があった。そのうち自分が雄山のような鋭敏な舌を持っていないことに気づくのだが……。利き酒も間違う。単に酔っているだけか。

「バカ舌だけど食に対する執着が強い」という点でカラスと似ている。

カラスはバカ舌だがなんでもいいわけではなく、前章で述べたように脂を特に好む。マヨネーズはもちろん、唐揚げも大好物である。実験でも食いつき方が違う。

カラスがロウソクを持ち去る話もよく聞く。ロウソクも大部分は脂質だ。だから食べるために持ち去るのだという説もある。カラスの味覚の世界に身を置くと、唐揚げほどでないとはいえ、ロウソクも食欲をそそるものになるのかもしれない。本当にカラスの身になってみるのは、味覚がいちばん難しいだろう。

ラップもなめろう

魚のたたき「なめろう」の名は、皿まで舐めたくなるほど美味しいことからつけられたという。これがじつに酒とよく合うのだ。私が舐めたことがあるかどうかは書かないでおこう。前出のワンゲル部には、「かかえ」という儀式があった。これは、山では水が貴重であること、ゴミを出してはならないことから案出されたエコな技で、食べ終わった食器を、指と舌を駆使して「きれいにする」というものだ。この伝統は先日開かれた宇都宮大学ワンダーフォーゲル部六十周年記念式典で、四十年続く伝統であったことがわかった（初めて知った)。ヨーグルトの蓋の内側を舌で「きれいにする」ことのできる私はまったく抵抗なかったが、多くの新入生に衝撃を与えてきたもので、これが嫌で辞めた部員を何人か見てきた。かわいそうに。

さて、カラスはマヨラーであった。マヨネーズに対しては、尾腺に脂を補給するという合理性を超えた愛着があるらしく、洗浄済みの空容器でも奪い合っている姿を見たことがある。当然、中身が残っていようものなら獲得合戦で大フィーバーだ。

図版2–4　ラップまで舐め……いや、食べている!

皿まで舐める——もとい、容器まで突く——のはマヨネーズだけではなかった。プラスチック専用の、とあるゴミ処理場にカラスが集まるというので様子を見に行ったことがある。確かに、食品の包装や容器に食べ物のカスはわずかに残っている。それがカラスを集める要因であることは間違いない。しかし残りカスであって、その総量は、集まっている数に釣り合うものではない。別の食べ物を探した方が早いと思うのだが……。これも、脂などで味をしめた「学習」の結果であると思われた。

こんな決定的瞬間も見た。ベンチの背にとまって一心不乱に首を動かすカラス。望遠で撮影しようとレンズを覗くと、食べているのは食べ物ではなかった。食品包装用のラップらしきプラスチックを引きちぎりながら、うまそうに食べていたのだ（図版2－4）。ラップに、わずかながら食べ物のカスが付いていたのだろう。それにしても、皿まで食らう、ならぬ、ラップまで食らうか。酒に呑まれた私がなめろうの皿を「きれいにした」のと同じである。なおプラスチックのような消化できない物は後日、ペリットと呼ばれる塊にして吐き出すので、ご安心ください。

4　カラスの聞いている音

超音波は聞こえない

今度は聴覚の話。もちろんカラスにも立派に耳がある。側頭部の毛をめくると、左右に穴がある（図版2－5）。これがカラスの耳だ。こんな形でよくぞと思うが、耳は悪くない。小さい音まで聞こえるわけではないが、違いを聞き分ける、どこから音が出ているかを把握するなどの能力は高い。

鳥獣害対策でよく用いられるのが超音波だ。超音波はヒトには聞こえないため、超音波を嫌がる動物に対しては、これを選択的に排除できる。さて、カラスには聞こえるのか？ ——答えはノーだ。つまり、カラス除けに超音波は使えない。

動物は人間より聴覚も優れている、と思うのは犬や猫のイメージから来る取り違えであって、鳥類の可聴域はヒトより狭い。ヒトの可聴域は二十ヘルツから二万ヘルツぐらいだが、鳥類は百から七千ヘルツぐらいだ。

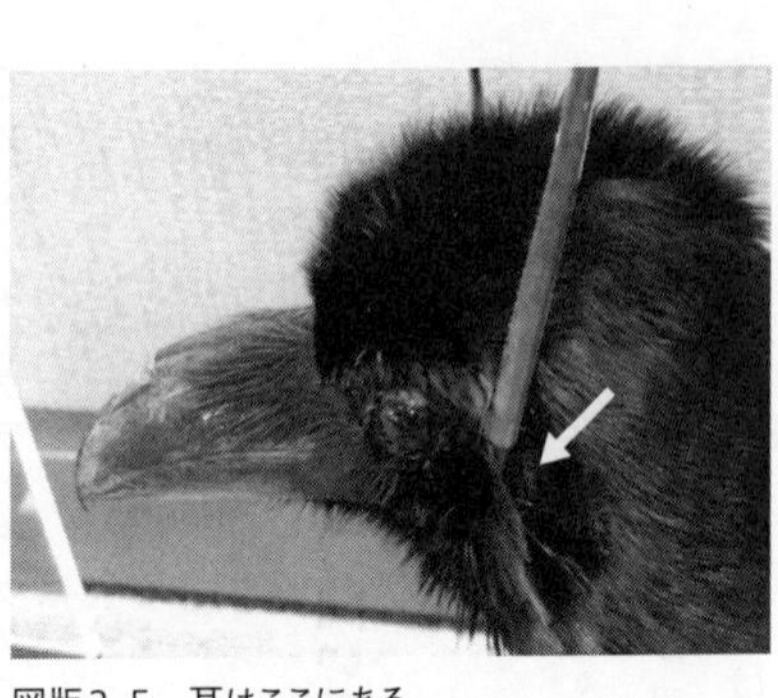
図版2–5　耳はここにある

黄色いゴミ袋同様、勘違いも多い。カラス除けに効くという、超音波を使った製品の効果検証試験をやったことがある。なぜ効果があるのか科学的に検証してほしいとのこと。メーカーが撮影した映像を見ると確かにカラスは逃げていた。さて製品を見てみると、普通にキュイーンという音がしている。えっ？ これ超音波じゃないよね？と思い、試しにこの音を録音して、ラジカセからカラスに向かって流してみた。するとカラスは逃げた！

念のために言っておくと原理上、この音に超音波は含まれない。そして、しばらくするとカラスは反応しなくなった。似た電子音を聞かせても同じ反応が起こるが、単に変な音に警戒して逃げただけだった。

「えっ、今の誰？」

携帯電話が普及し、誰がかけてきたのか目で見てわかってしまうのが当たり前の今、番号通知機能をオフにしてみたら、電話口の声だけでどれだけ人物を特定できるか？　これはカラスの方が得意かもしれない。鳴き声で個体識別しているのだ。

これは慶應義塾大学の学生だった近藤紀子氏らが、飼育下のカラスで明らかにしている。ケージを仕切り、その両側でカラスAとカラスBを別々に飼育する。このとき仕切りに若干の隙間を空けておくのがミソだ。ある日、カラスBをケージから出し、代わりにスピーカーを設置して、カラスCの鳴き声を再生する。するとカラスAは隙間から隣を覗こうとする動きを見せた。カラスAの気持ちはこうだ。「えっ、今の誰？　隣にいるのはBだよね。なにこれ、違う声がしてる。ちょっとどういうこと？　覗いたれ」

カラスのペアは縄張りを持って子育てをする。そしていつも部外者と縄張り争いをしている。縄張り内のペアは頻繁に鳴き交わす。これは「大丈夫」「異常なし」「変なやついない」というコミュニケーションだ。ここに侵入者が来ると一瞬で雰囲気が変わり、ペアで侵入者を追い払う行動に出るのだ。

後述するが、私はカラスの方言を研究するために、全国津々浦々のカラスの鳴き声を集めている。地域差を比較するには同じシチュエーションの声が必要だ。試しに例えば、宇都宮のカラスの声を広島で流すと間違いなく、縄張りの主たちは色めき立つ。これは方言を感知して「どこのモンじゃあ!」とか言っているわけではたぶんなく、「知らない個体の声」に反応しているのだ。経験上、近くに棲む知り合いの鳴き声だと、あまり派手な警戒行動は起こさないようである。科学的には、まだきちんと再現性が得られている(同じ条件下で同じ結果が出ている)わけではないが、何度も繰り返し同じ個体の鳴き声を再生すると警戒行動が起きなくなることも加味すると、あの声は安全、と判断するのかもしれない。もちろん、その後新たに別の個体の鳴き声を再生するとすぐに警戒行動が起きる。これも鳴き声で個体識別している可能性を示しているのかもしれない。

音の出処はあっさり突き止める

先の実験でわかるのが、どこにスピーカーがあるかをすぐに、詳細に特定する能力だ。再生を開始するや否や、警戒の鳴き声を発しながらスピーカーの真上ピンポイントに飛んで来るのにはいつも驚く。その後、近くの電柱や木にとまり、威嚇を始めるのだ。

共同研究で、東京農業大学の学部四年生だった上田楓子氏が貴重な映像を撮影した（図版2−6）。上田氏はいつも通り、縄張りで別のカラスの鳴き声を再生。Bluetoothスピーカー

図版2−6　Bluetoothスピーカーに近づいて→突っついて→転がした！

は「アー」というコンタクトコール（挨拶の鳴き声だ）を繰り返す。しばらく警戒行動していた縄張りのカラスは、行動を止めるとスピーカーに近づき、クチバシでコツコツと突っつく。もちろん何の反応もせず、コンタクトコールを垂れ流すだけのスピーカー。カラスは苛立ったようにスピーカーを思い切り突き飛ばし、わりと華奢なスピーカーはコロコロと転がった。なかなか派手な反応である。

カラスが音の出処をすぐに突き止められるのは、縄張りへの侵入者や仲間の居場所を素早く知る必要があるからだと思われる。

5　カラスが触れている環境

体のどこがいちばん大事？

「五感」の最後は触覚だ。ここでは私が観察できた範囲を述べるにとどめて、みんなが大好きな「カラスって賢いよね～」のテーマへ向かおう。

カラスに「体の中でいちばん大事なところってどこ？」と聞けたら、たぶん「そりゃ、翼よ」と答えるだろう（口調は想像）。根拠はある。翼が最も敏感だからだ。

風の強い日、カラスが上空で気流をうまく捉えて、風乗りを楽しんでいるような姿を見かけることがある。微妙な気流の変化を感じ取っているのは、おそらく翼だ。このことを利用したカラス除けをテグスで作ったりする。テグスとは細い糸で、合成繊維が主流だ。コツは、テグスの間隔を一メートル以内にすること。カラスが翼を広げたときに引っかかってしまうようなサイズにするためだ。カラスが両翼を目一杯広げると一・四メートルほどになる。翼が敏感なカラスはテグスに引っかかることを恐れる。これで上空からのカラスの侵入を防げるのだ。最も重要なところが最も敏感にできているのは不思議なことではない。

ちなみに台風のような強風の日もカラスは空を飛ぶ。いかに精巧なドローンでもこれはまったく及びもつかない技だ。ロボットに人間の動きをさせるのと事情は同じ。風が強い日の飛び方をよく見ると、尾羽を小刻みに動かしてバランスをとっているのがわかる。まあ、思い切り風に流されていくのを見かけることもあるのだが。

翼の次に大事なのはどこか？　たぶん、クチバシだろう。

「道具を作るカラス」、カレドニアガラスをご存知だろうか？　巷で言われる「カラスの賢さ」に半信半疑だった私が脱帽した随一の例だ。このカラスは、枝をフック状に加工し、木のうろに突っ込んで、イモムシを引っかけて釣り上げる。もし見たことがなければぜひ動画サイトでチェックしてほしい。「すごい」としか言いようがない。だが、なにせカレドニアというだけあって私の守備範囲から遠く離れているため、これをもってカラスの賢さの証明だ！と言うわけにもいかない。ここで着目すべきは、イモムシを引っかけて釣り上げるときの絶妙な力加減だ。これは翼が風を捉える感覚に匹敵する。

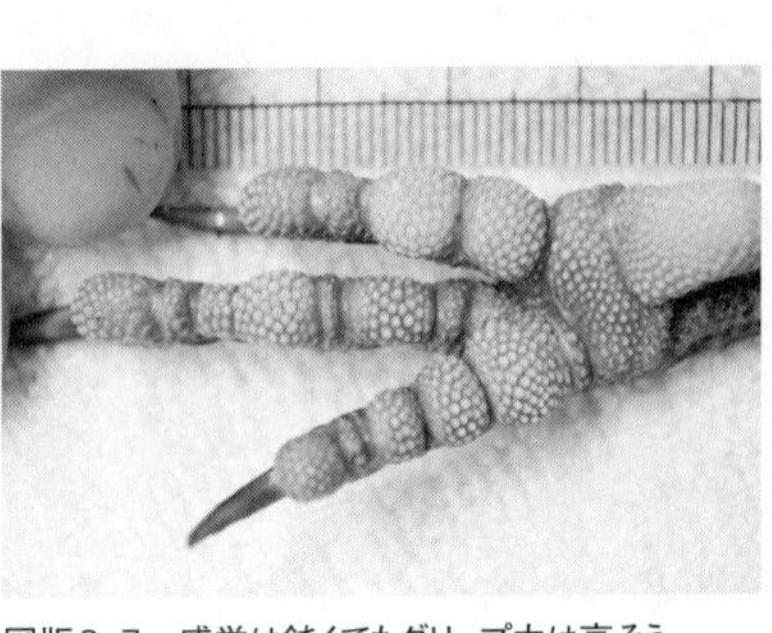

図版2–7　感覚は鈍くてもグリップ力は高そう

翻って、日本のハシボソガラスは、よく芝生や畑をほじくっている。♪権～兵衛が～種～ま～きゃ～　カラ～ス～がほ～じく～る、のズンベラ節はまさにハシボソガラスを歌ったものだろう。蒔いた種も食べるが、むしろ耕したあとに土中から出てくる虫を探りあてようとしている。カラス全般が鋭敏な感覚を有するクチバシを持っていると思われる。少なくとも我々の手と同様の感度は備えているようだ。

最後に、足の裏。この部分の感覚器（センサー）を調べたことがある。足の裏の皮膚を五マイクロメートル（〇・〇〇五ミリ）の厚さにスライスし、染色して顕微鏡でセンサーの数を調べた。それらしい組織の数はかなり少ない。これだけでは、はっきりしたことは言えないのだが、カラスの足の裏は鈍感である可能性が高い。

ちなみにカラスの足の裏には肉趾（にくし）と呼ばれる突起がたくさんある。これが木などにとまる際のグリップ力につながっているのだろう（図版2－7）。

6　カラスは賢いか

「カラスって頭いいよね〜」

いよいよ「カラスは賢いか」の議論に入ろう。

出張先で一人、赤提灯を探すのが大好きである。昭和の香りのする店で地元の酒肴を楽しめたら最高だ。常連客と仲良くなることもしばしば。そうすると「サイエンスカフェ」ならぬ「サイエンスバー」が始まる。そんなとき、私の研究テーマはこれ以上ないぐらいキャッチーだ。カラスを研究していると言うと必ず、全員が、個人的な体験を詳細に話してくれるのだ。そして、決まって出るフレーズが「カラスって頭いいよね～」である。

賢さは、もはやカラスの代名詞と化したかのようだ。「あいつらゴミの日をわかってるんだよ」「仲間に○○を教えてるんだ」など、ちょっと怪しい思い込みのような話もある一方、非常に細かく観察している人も少なくない。「カラスってよーく見ると黒一色じゃないよね」「ハシボソガラスって頭を上げ下げしながら鳴くよね」など、研究者さながらの眼力だ。「カラスって賢いよね？」と同意を求められたら私は「ええ」と答える。何せカレドニアガラスの「釣り」への驚きが原点だ。賢さが厄介でもあるし、同時に魅力になっている気がする。ハトではここまで盛り上がらないだろうし。だがそこまで賢さを強調する気にもなれない。いくつか間抜けな例を知っているからだが、それより何より、あんまり賢いとわかると、だます気が失せそうで困るのだ。

巷のウワサ総ざらい

カラスの賢い行動として知られるのは、クルミを車に轢(ひ)かせて割り、中身を食べるというあれだろう。某高級車のＣＭでご存知の方も多いはずだ。この行動、カラスがゼロから発想したとは思えない。クルマがクルミを踏みつぶしたところに遭遇して学習したのかもしれない。面白いのは、このクルミのクルマ轢きが、自動車教習所近くで頻繁に見られたということだ。おっかなびっくり運転するクルミ、じゃなかったクルマが多いため、カラスにとっては自分が轢かれる心配なしにクルミをセッティングできる環境だからだ。

公園で水道の蛇口をひねり、水を飲むという行動も有名だ。ただ、閉めない。役所の公園課にとっても一大事だ。カラスが開けにくい蛇口への交換が進んでしまった。

カラスの賢さを認めざるをえないのが「貯食（ちょしょく）」だ。野生動物にはいつでも飢える可能性がある。その時に備え、カラスは見つけた食べ物を隠して貯めておく「貯食」をやるのだ。それも、一度にすべてを失うことのないよう、場所を分散させて……。隠したそばから盗むやつも当然いるからだ。隠し場所は、木の根の間から、パイプの穴、屋上のちょっとした隙間など様々で、電柱に取り付けられた拡声器風のスピーカーの中ということもある（図版2−8）。カラスはなんと、貯食した場所のほとんどを覚えているらしい。明らかに私より記憶力は上だ。

カラスが線路に石を置くことも知られているだろう。列車にとっては重大問題だ。諸説あるが、私が説得力を覚えるのは貯食の一環とする説だ。線路の敷石の隙間は食べ物の隠し場所に適するが、目印がないため隠し場所がわかりづらいらしく、その目印として線路に石を置くのだという。今のところ線路置石事件の正体はこれだ。

カラスの遊び

ある案件で佐賀の郊外を訪れた際、衝撃的な場面を目撃した（図版2−9）。カラスが電線にぶら下がっている。それぐらい何だ、と言うなかれ、コウモリじゃないんだから。これは、暇だからぶら下がってみた、という「遊び」以外ではありえないと私は直感した。このカラスがちょっと変わってるだけ、ということもありえたが、そうではない。周囲の数羽も同じようにぶら下がっていたからだ。まるで小学生男子。これは賢さの現れではないだろうか。

図版2−8　食べ物をスピーカーの奥に隠す

あり余るエネルギーを破壊活動に向けたとしか思えない事例もある。神奈川県平塚市の浜田牧場の浜田昌伯氏が受けている被害は多岐にわたる。牛の餌を盗み食いされ、洗濯物に糞をかけられるのはまだわかるとしても、サイレージ（牧草を半発酵させるため、刈り取り後ロールに巻かれてラッピングされているあれだ）のラップに穴を開けられたり、洗濯機の電源ボタンを壊されたりすると（図版2−10）、怒りよりも呆れの方が大きくなるという。

　このほか私は目撃できていないものの、雪で遊ぶ、滑り台を滑るなど、伝説は多い。本当ならぶら下がり以上の衝撃だ。中でも意味不明なのが、「シカの耳にシカの糞を詰める」というやつだ。もう何が何だかわからない。これも貯食が関係する行動なのかもしれない。何よりこの目で見ないことには信じられないのだが。

図版2–9　どう見ても遊んでいる

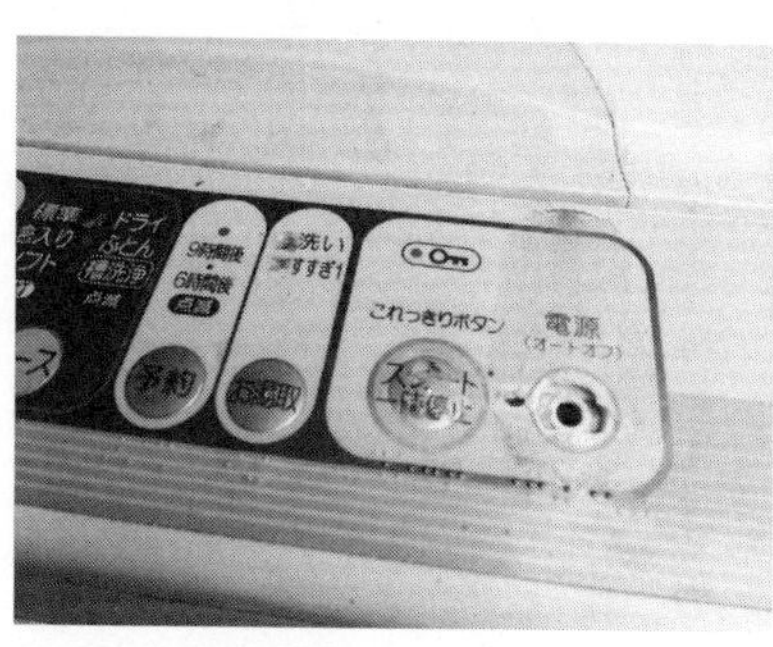

図版2–10　最重要ボタンを破壊

賢いとは言えない例

しかしどうしても賢いと思えないカラスもいる。母校・宇都宮大学では研究のため、捕獲されたカラスを飼育している。研究室員が当番制で餌や水を交換し飼育小屋を掃除する。飼育小屋には、カラビナ（一部が開閉式の金属の輪）や紐で簡単な鍵をかけている。ある日、当番の後輩の女子学生が泣きながら私のもとを訪れた。「塚原さん、飼育小屋の鍵を閉め忘れて、カラスを逃がしてしまいました。どうしましょう」。どうしましょうと言われても今さらどうしようもないのだが、話を聞くと、小屋の入り口のドアは閉めたがカラビナの鍵を閉め忘れ、中にいたカラスが体当たりしてドアが開いたらしく、気づいた時にはもういなかったという。結局小屋のドアは三十分以上開放されていたようだ。まずいなあと思いつつ見に行ってみると、ん？　なぜかまだ小屋の中に二羽いる。このとき飼っていたのは八羽。あれ？　カラス戻ってきたの？　学生は泣きながら、「六羽逃げちゃいました」。ええと、するとこの二羽は？「二羽は小屋に居てくれました」。ドアが開けっ放しなのに？「はい。グスッ」。この二羽は三十分以上もドアが開けっ放しなのに逃げなかったのだ。しかも天井にぶら下がったりして至って暢気（のんき）な様子。（そういえば先述の「ぶら下がり」、小屋の中では見たことがあったが飼育下という特殊例だ。）カラスにも賢いのとそうでないのがいることを思い知った。まあ、個体差があるのは当然の話かもしれないが。

我々が実験に使っていたカラスは、有害鳥獣捕獲で使われる「箱罠」で捕まえられたカラスだ。この箱罠、一見して怪しい。賢く、警戒心が強いカラスから見たら怪しすぎるのだ。にもかかわらず入ってしまうのは、経験と警戒心のないカラスなのだ。生きる力に乏しい個体と言ってもいい。要は賢くないカラスなのだ。「カラスって賢いよね」は「賢いカラスっているよね」と言い換えると正確になるだろう。

可能性としては、この二羽が特別に賢いということはありうる。労せずして、毎日ご飯にありつける環境だからだ。そこまで考えて逃げなかったのだとしたら、その賢さは空恐ろしい。ただ、この二羽、学習実験の成績は芳しいものではなかった。

7　カラスは何色か

「カラスはなんで黒いんですか?」

美しい黒髪を形容する言葉に「カラスの濡れ羽色」がある(使ったことはない)。黒い中に艶やかな青味を帯びた色のことだ。確かにカラスの羽は、実は黒一色ではない。青や紫の艶があって、さらに、見る角度によって玉虫のごとく艶が変化するのだ。構造色といって、規則正しい微細構造によって起こる光の干渉などの光学現象があるが、カラスの羽はまさにこの構造色を有している。それで黒の中に青や紫の色が現れるのだ。

総研大で助教になって間もない頃、サイエンスカフェで市民の方向けに話をする機会があった。二十人程度でいっぱいのこぢんまりした会場だったせいか、アットホームな雰囲気が良かった。参加者は小学生から七十代の方まで。総研大があるのは神奈川県の葉山町だが、この近辺に住むのはいわゆる知識人層だったりする。年配の方の「素人の質問ですが」という前置きが、まったく信用できない。専門用語満載の、学問の価値を試すような鋭い質問が続いたりするからだ。そんな中、小学生が手を挙げた。さすがの私も安心して「どうぞ」と促すと——「カラスはなんで黒いんですか?」と来た。

ええっ。お手上げだった。正直に言うと、考えたこともなかったのだ。

しかしこういうときに本音をぶっちゃけたりシャレでかわしたりして場をうまく和ませるような技術は私になかった（今もないけど）。さあどうする。

「そうですね、でも、カラスはほんとは真っ黒じゃないんですよ。構造色っていうんですけど云々」――答えてない、答えてないぞこの先生……という視線に耐えながら、小学生の気を持たせようと思いついたのが、「カラス同士は黒に見えていない」という話だ。いや、黒に見えている可能性もなくはないのだが、カラスは、ヒトが認識する赤・青・緑の三色に加えて紫外線によっても対象を見ているから、ヒトが見るような色には見えていない可能性が非常に高いのだ。……と、ほら、もう「なぜ黒い？」なんて疑問は忘れたでしょう？

図版2-11　思わず見とれる羽の艶

私がヨーロッパの知識人ならここで、「アポロンの怒りを買って焼かれたと言われていますね（微笑）。この神話解釈には異説もあって云々」とかなんとか高貴な方向へ煙に巻いていくこともできたに違いないのだが（推測だ）。このように神話に出るぐらい普遍的な疑問である「カラスはなぜ黒いか」について、その後、私なりにもう少し考えてみた。

クジャクやオシドリで見られるように、鳥のオスの多くはカラフルで、これはメスに対するアピールと言われている。だが単に美しさを見せているわけではない。

「オレこんなに目立ってるのに食べられずに生きてるんだぜ！」というアピールだ。目立つという弱みを生存能力のアピールに使っている——こう説明するのがハンディキャップ理論である。

さて、カラスの姿は目立つのか目立たないのか。実は、これはよくわからない。目立つ場合もありそうだ。カラスの天敵・オオタカも紫外線が見えるため、もしかしたらカラフルに見え、目立っている可能性もあるからだ。しかし、カラスにとって、天敵に目立つ／目立たないは、あまり生存能力の高さのアピールになっていないのではと思われる。なぜなら、カラスには天敵こそいるものの、襲われても群れで応戦して撃退するため、現実的には生態系ピラミッドの頂点に位置しており、「（カラフルで）目立ってるけど食べられない」というロジックが使えないからだ。メスにしてみれば、敵はまずいないんだから、敵からどう見えるかはどうでもよい。それよりは餌を確保できる能力の方が重要でしょ、ということになるだろう。これはあくまで私の推測だが、栄養状態が見た目の輝きに影響すると思われる。栄養満点の、脂が乗ってテカテカのオスは、我々には見えない紫外線を反射し、メスにはとんでもなく光り輝いて見えていたりするかもしれない。カラスの世界ではきっと脂ぎったおっさんがモテてるんだろう。羨ましい。……また脱線したが、つまり、人間から見て真っ黒でもカラスにはそうでないのだ。……結局、当初の答えに戻ってきてしまった。あの時の小学生は、まだ納得してくれないだろう。

性別がわからない

ただ、カラスのオス・メスは人間が見てもわからない。捕まえて体中を見たってわからない。じゃあどうするかというと、細胞を取って染色体を調べるか、お腹を開けて精巣か卵巣かを確認するしかないのだ。だがカラス同士では当然、互いの性をわかっている。見た目か？　声か？　振る舞いか？　フェロモンか？　これまでずいぶん調べてきた。

まず、サイズは一般にオスの方が大きい。捕獲されたハシブトガラスの平均体重は六百七十グラム前後だが、七百グラムを超えるとオスで、六百グラム以下だとメスであることが多い。しかし五百五十グラムのオスも八百グラムのメスも複数回見たことがあり、体重だけによる雌雄判別はまったく不確実だ。それならば細分化して見てみよう。ハシブトガラスならいちばん目立つクチバシだ。嘴峰長（しほうちょう）という、クチバシ（嘴）の付け根から先までの長さをノギスで計測すると、オスのクチバシの方が長い傾向にあるが、これも体重同様、雌雄で重なる範囲が大きい。

鳴き声はどうか。解剖すると、オスの発声器官はメスより大きい傾向にある。より太く長い笛がより低い音を出せるように、発声器官が大きくなれば低い声も出せる。そしてオスの声の方が若干低いが、体重、嘴峰長と同様、雌雄で重なってしまう。雌雄差ばかり調べている頃は、カラスのお腹を開ける前に鳴き声を聴けばオスかメスか当てられた。これは言語化できない勘によるもので、繰り返しによる成果だ。今やその勘はまったく失せてしまった。もしかしたら、カラスは音の弁別能力が優れているため、雌雄の鳴き声の違いを聞き分けているかもしれない。

体の大きさでも音でもないとしたら、色はどうだろうか。やはり紫外線を認識できる視覚にかかわるものと見当をつけ、どんな光を反射しているのかを分光光度計という装置で調べた。しかし私の計測では明確な雌雄差が検出されなかった。これは分光光度計が、角度を変えながら反射を計測する仕組みになっていなかったせいだろう。わずかでも動けば反射する光は変化するわけだから、その動的な変化をカラスは見て取っているものと思われる。結局、カラスの身になって理解することはできていないが、おそらくは紫外線認識と構造色の組み合わせによって、雌雄の違いが判別されているものと思われる。

これまで、私から見た印象と、解剖結果とを突き合せてきた結果では、なんとなくオスっぽいな、と思うと、だいたい当たった。印象では、オスの翼の方が青光りしていて、メスは茶色っぽい気がしていた。だが、練習しても紫外線が見えるようになるわけではない。

結局紫外線が見えないかぎり確定はできないと思わせたのが「なっちゃん」だった（図版2–12）。なっちゃんは珍しく、捕獲されたのではなく、飼育されていたものを研究室が預かることになった個体で、じつに艶々して綺麗なカラスだった。研究室メンバーは全員、なっちゃんをオスだと思っていた。青光りしているのはオス、という思い込みゆえだ。しかしある日、寿命を全うしたなっちゃんを解剖すると、メスであったことが判明した。

図版2–12　在りし日のなっちゃん

マヨネーズのところでも述べたが、艶は栄養状態と直結しているようだ。カラスは尾腺から出る脂で羽に防水コートを施す。人間が揚げ物を食べると唇がテカテカになるように、カラスが油を塗りたくると羽がツヤツヤになるのだ。大きなカラスは体重があって力も強く、食べ物にありつく機会が増える。もともとオスが大きい傾向がある以上、オスはそうして栄養摂取が増え、ツヤツヤする傾向にあると言えるだろう。

紫外線による判別説は有力だと思う。しかしよく考えてみよう。性自認の如何を考慮しないことをお許しいただくとして、生物学的（外形的）な違いが明確に存在する人間の場合でさえ、日常では、性別を唯一の基準によって判別しているわけではないのだ。いわんや、外形が違わないカラスにおいては、たとえ紫外線が重要だったとしても、紫外線を唯一の基準にして雌雄を判別しているはずだと思い込むのは早計ではないだろうか。ある雄カラスの身になってみよう――あっちの木にでかいやつがとまってる。構造色の反射具合だとメスっぽいけど、えらくツヤがいいしオレより体もでかいからオスかもな。狙ってるメスを先に取られちゃかなわんから、いっちょ行って威嚇したろ。（飛んでいく。）あ、あれっ？　違う違うこれどう見てもメスだ！――そんなこともありうるのではないか。

なっちゃんは、ボーイッシュでカッコイイ女性だったのかもしれない。

8　カラスの一生

年齢も寿命もわからない

カラスの寿命はどれぐらいですか？――これも講演会で定番の質問だ。しかし野生動物の寿命を知るのは非常に難しい。まず年齢がわからないのだ。

図版2–13　口の中を見て歳を当てる

正確に言えば、二歳以上になるとわからなくなる。生まれてすぐのカラスの口の中はきれいなピンク色だ（図版2–13……はモノクロだが）。舌もピンク色だが育つにつれて徐々に黒くなり、大人のカラスは口の中全部が真っ黒である（図版2–3）。口を開けて黒とピンクの割合を見れば○歳、一歳、二歳以上のいずれなのかはわかるが、それ以上は無理だ。

寿命はどうか。そもそも「○○の寿命はX年です」みたいな情報があらゆる動物で揃っているなんてことはまったくないのだが、『理科年表』の「脊椎動物の寿命」のところに「ハト　三十五年」とか書いてあると人は「ハトの寿命は三十五年か。ヒトの半分弱だな」とか思ってしまう。違う違う。野生動物に出生届はないのだから平均寿命を知る術はないのだ。ちなみにカラスの寿命は『理科年表』に載っていない。

平均でなくてもいいとして、一個体の寿命を知るには、目印を付けた個体を長期間観察するという方法がある。実際、ヒナの時に足環をつけた個体で十九年生きたという記録がある。十九年間ずっと追うとは、なんと根気のいる観察だろうか。カラスの平均寿命をある程度推定するためには複数個体での観察が必要となるが、とても現実的ではない。ぱっと外見でわかればもう少し観察も簡単になるかもしれない。ゴリラなどでは目印もなく、長期間にわたって現地に泊まり込む研究者がゴリラの顔を識別し追跡するということになるようだが、カラスの顔は難しそうだ。クチバシが変形しているとか、一部の羽が白いとかの特徴的なカラスであれば追いかけられるかもしれないが、野生でこうした個体は目立ってしまい、生存期間に影響を被る可能性も高い。仮に一生を追えたとしても、それで「カラスの平均寿命」がわかったと言えなさそうである。

年齢のわかるうちに発信機でもつけたら？　そこでバイオロギングといって小型装置を

野生動物につけたりするのだが、そもそも電池の問題があって長期間追うことは簡単ではない。しかし最近は発信機がたった二十五グラム、しかもソーラーバッテリーで充電可能なものがあると聞いて驚いた。これならば長期間にわたって追跡できる。そのうち誰かカラスの一生を明らかにするかもしれない。ただ、二十五グラムは私の調べたハシブトガラスの平均体重の三・七パーセントにあたる。人間なら二、三キロにあたる重さの発信機を背負って空を生きていくことは、カラスの生存可能性を多かれ少なかれ損なうだろうから、やはり長期間装着させて寿命を調べるのは、かえって誤ったデータを得ることにつながりそうだ。

ならば野生はあきらめよう。飼育下のカラスなら寿命はわかる。宇都宮大には二十歳を超えた個体もいた。野生とはまるで違い、栄養十分で外敵のいないカラスは相当長寿になる。栄養過多で早世しないかぎりだが。

というわけでカラスの寿命はわからないんです――そう前置きしてから、「観察記録や飼育カラスの情報をふまえれば、野生ではおそらく十年ぐらいじゃないですかね」と大胆な答え方をすると、質問者は意外に納得してくれたりする。

過保護な子育て

「ンガー ンガー」「グワッギャヒャギャヒャヒャウ」と、五月頃、やけにカラスがうるさいと感じられる時期がある。これはヒナが親ガラスに餌をねだる声だ。「ンガー ンガー」は「めしー めしー」だ。「グワッギャヒャギャヒャヒャウ」は「わーいめしだめしだヒャッホウ」で、まさに食べ物を口移しで親からもらっている瞬間の興奮の声だ。

地域差はあるが、カラスは三月ぐらいに巣作りを始める。自分の体ぐらいの大きさの木の枝をくわえて飛んでいるカラスを見たことはないだろうか。こうしてせっせと材料を運び、しっかりと巣を組み上げるのだ。ちょっとやそっといじっても崩れない丁寧な仕事だ。ちなみに、巣の材料として木の枝並みに人気なのが針金製のハンガーだ(図版2−14)。曲がった部分が絡み合って固定しやすく、必要に応じて曲げるなどの加工もしやすいのだろう。

巣の中心部は産座と呼ばれる。さすがに産座にはふわふわの材料が使われる。綿状のものや動物の毛などだ。巣作りの時期には、動物園の動物や家畜の背中に降り立って毛をむしっている光景がよく見られる。時期はちょうど冬毛が抜け落ちる季節。意外と需給が一致しているのかもしれない。

巣での親ガラスの献身ぶりは感服ものだ。ヒナは力いっぱい餌をねだる。親はひっきりなしに餌を運ぶ。親は食べているのかと毎度心配になる。巣の清掃も怠らない。ヒナがプリッと糞をするとクチバシで受け取って外へ捨てる。カラスはとてもきれい好きなのだ。

入梅の頃からか、人間は少し用心が必要になる。子ガラスが巣立ち始める時期だからだ。といってもすぐに親元を離れるわけではなく、巣の周辺で飛ぶ練習が始まる。この頃は飛ぶのが超下手で、じつに危なっかしい。そして警戒心ゼロでのほほんとそのへんで休む。

図版2-14　針金ハンガーでも巣になる

たらどうなるか。
親ガラスはハラハラだ。そんなときヒナに人間が近づい
親ガラスの眼には、子が襲われる！と映る。そして威嚇攻撃を敢行するのだ。人間がカラスに襲われたという事例はほぼこのケースである。基本的にカラスはヒトが怖い。だって体のサイズが全然違うのだ。巨人を撃退しようとする漫画を思い出してほしい。たとえ飛べるとしても、空中から巨人に攻撃を仕掛けることを想像すればわかる。親ガラスは必死の思いでヒトに立ち向かっているのだ。こんな場合、どうすればカラスに襲われない

か？　本書始まって以来の有益な情報だ！　しっかりお伝えしよう。

　実は、親ガラスは人間に対してメッセージを発している。これを聞き逃さないようにしよう。まずは警戒の鳴き声を発する。「アッアッアッ」という、短く強い繰り返しだ。ヒナに対する「巨人接近中、気をつけろ」というメッセージかもしれない。この警戒の鳴き声は、警戒の度合いが増すにつれて「アッ」の一回が短くなって回数が増える。さらに人間が近づくと警戒は威嚇に切り替わる。「ガーガー」という長めの濁った低い声だ。これは人間に対する「それ以上近づくな」というメッセージだ。残念ながらこれが全然伝わらないため、ヒトは気づかないままヒナに近づいてしまい、親は出撃して決死の攻撃を繰り出す。すなわち後頭部への蹴りだ。死角から飛来するのもヒトを怖がっている証拠だ。

　というわけで、カラスはかなりフェアなのだ。予告して、警告して、それでもだめなら攻撃するのだから。「急に襲われた」というのは人間の鈍感がなせるわざなのである。というわけでカラスに襲われないようにするには、初夏頃、警戒のメッセージを聞き逃さないことだ。聞こえたら迂回しよう。子ガラスのトレーニングをハラハラしながら見守る親の感覚を想像してやればいい。しかしマンションの廊下脇に巣があるとかで迂回できない場合は、傘をさして後ろからの攻撃を防ぐのも手である。襲われそうなときに傘がなければ、手で防ぐ方法が有効だ。ＮＰＯ法人札幌カラス研究会の中村眞樹子氏が考案したもので、両腕をまっすぐ上にあげ、バンザイのポーズをとる。翼の敏感さについては前述したが、威嚇攻撃してくるカラスは後方から舞い降りてくるため、広げた翼が激突するのが明らかだと、後ろから襲ってこられないからだ。

さて、カラスの子育てはいつまで続くか。梅雨が明ける頃、「ンガーンガー」という甘え声をまだ耳にする。目をやると、同サイズぐらいのが二羽いたりするが、これは親子だ（図版2－15）。子ガラスが急成長したせいだが、相変わらず子は親に食べ物をねだる。この頃になると親はおねだりを無視したりするが、それでも、子は自力で餌を取らず、無心を繰り返す。そして大方の親は「しょうがないねえ」とばかり食べ物を与えてしまうのだ。この心情は……理解できる。

図版2–15　過保護な親（左）とよく食う子（右）

9　カラスも色々

大陸からの来訪者

とある一月の佐賀県庁周辺の電線は、大陸からの来訪者で埋め尽くされていた。ミヤマガラスの集団だ。長年カラスを追っている私も初めて目する高密度だった。見た目もさる事ながら、ガァーガァーとうるさく、地面は糞で真っ白。住民はさぞかし大変と思いきや、カラスにカメラを向ける我々の方が目を引いてしまった。カラスは日常風景に溶け込んでいるのだろう。

日本にいるカラスはたいていハシブトガラスとハシボソガラスの二種である。季節を通して生息地を変えないため留鳥(りゅうちょう)と呼ばれる。一方、ミヤマガラスは「渡り」をする。ロシアなどから毎冬鹿児島に飛来するツルと同様だ。ミヤマガラスは中国の東北部で繁殖していると考えられており、日本には越冬にやってくる。ハシブトガラスやハシボソガラスよりもやや小柄。鳴き声は「ギャー ギャー」と書いたらいいだろうか。ハシボソガラスに似ているが少し甲高い。そしてクチバシの付け根に白い特徴がある。近くで見ると、いわゆる〝鼻毛〟がなく鼻孔が丸見えになっている（図版2−16）。

そして、このミヤマガラスは集団行動をする。もちろんハシブトガラスやハシボソガラスも集団で行動するが、単体でも見かける。しかしミヤマガラスは集団が常である。渡りと関連しているのだろうか。集団をつくることで道に迷うリスク、食べ物にありつけないリスク、天敵に襲われるリスクなどを回避しているのかもしれない。

図版2–16　ミヤマガラスには“鼻毛”がない

図版2–17　芸術的感性を刺激される

集団で県庁へと戻ってきたミヤマガラスたちは、近くの電線に鈴なりにとまる（図版2−17）。近くで見ると間隔がバランスよく空いている。ちょこちょこと横移動しながら、隣のミヤマガラスと距離を調整しているような動きも見えた。常に集団行動をしていながら、ミヤマガラスはパーソナルスペースを保持しているのではないだろうか。ねぐらでは肩を寄せあうようにしているものの、昼は事情が違うらしい。

電線上に一定間隔で黒い点が並ぶ様子はまるで五線譜と音符のようだ――。おお、電線上のカラスを音符に見立てるなんて！　自分の芸術的感性と独創性に酔った。だが、ほどなく先駆者をネットで知り、夢はあえなく散る。ブラジルのアーティストJarbas Agnelli氏の「バーズ・オン・ワイヤー」のパフォーマンスを見て、思いつきを芸術に高めることの難しさも知った次第だ。

さてこのミヤマガラス、ゴミは荒らさない。県庁周辺のミヤマガラスの生態を追っている佐賀大学の徳田誠氏と学生の服部南氏によれば、ミヤマガラスたちは日の出後に小集団に分かれ、食べ物を求めて東西南北へ散っていく。佐賀平野は冬場も豆や麦を育てる地だが、カラスが吐き出すペリットを調べると、これらの作物や昆虫を食べていることがわかったという。

このほかに日本で見られるカラスといえば、コクマルガラスとワタリガラスだ。コクマルガラスはミヤマガラスの集団に交じって大陸からやってくる。ミヤマガラスよりも小さく、黒と白の二色であまりカラスらしくない、可愛らしい鳥である。ハシブトガラスやハシボソガラスもこの見た目だったらもう少し嫌われずに済んだだろう。

私は佐賀に行くまで、ミヤマガラスやコクマルガラスを見たことがなかった。未だ見られていないのが、冬にロシアから北海道へ渡ってくるというワタリガラスだ。ハシブトガラスよりもだいぶ大きいというから迫力があるだろう。こう見てくると、日本語でひと口にカラスと言っても、国内ですら多様であることがわかる。

小浜島の手強いやつ

もっと南へ行ってみよう。石垣島やその周辺の八重山諸島にも特有のカラスがいる。オサハシブトガラスという、ハシブトガラスの亜種である。ちょっと小柄で、鳴き声も甲高いが、「ガー ガー」と濁っている。

石垣島からフェリーで三十分の小浜島は、テレビドラマ『ちゅらさん』の舞台となった、それはそれは美しい島だ。透明で青い海は「コハマブルー」と呼ばれ、さとうきび畑が広がる島では時間の流れも変わるかのよう。北関東でカラス稼業と飲酒に明け暮れる私もここではつとめて優雅に振る舞いたく、ハンモックに揺られてみたりして非日常を味わおうとする——が、まもなく黒い影が目に入って現実へ引き戻された。これがオサハシブトガラスか。本州では見られない種に私はときめいていたが、リゾート客にはただのカラスだ。依頼元のリゾートホテルではこのカラスの苦情が多く、悩みの種になっていた。

確かにこのカラスは厄介だった。まず、人馴れしてしまっている。テラス席で朝食中のご婦人に激しく接近していることもあった（図版2−18）。シッシッと手で追い払っても逃げる様子がない。もちろんこの朝食に惹かれて来ているのだが、島の風を感じられるテラス席での朝食はホテルの売りである。カラス・ソリューショニストの出番だ。

図版2−18　オサハシブトガラス、超接近

なんとかリゾート客の目から遠ざけようと、いつも通り音声による追い払いが可能かどうか試みた。しかしどうもうまくいかない。警戒の鳴き声を再生すると余計動かなくなる。木立の中に留まってしまうのだ。木の中が安全と認識しているらしかった。一方石垣島でオサハシブトガラスに対して同様の実験を行うと、今度は本州のカラス同様に追い払うことができた。小浜島の解放感がカラスを大胆にさせるのか？　とにかく振る舞いが違う。同一種だが島によって行動が異なるのだ。研究対象とし

ては興味をそそられるが、ソリューショニストとしては目下、苦戦中である。

街中で射殺……

シンガポールにはホーカーと呼ばれる開放型のフードコートがある。常夏の異国の夕方、ひらけた空間で飲むビールは……うまい。そして鳥たちも食べ物を狙ってじゃんじゃん侵入してくる。ハトもムクドリも隙あらば人間の食べ物をついばもうとする。このムクドリ、体は黒く目玉は黄色く、虹彩は黒くて、見るからに悪役だ（図版2−19上）。シンガポールを訪れた日本人は、外見が黒いためにカラスと勘違いしがちだが、これはムクドリだ。

図版2−19　悪役づらのムクドリ（上）とどこかスマートなイエガラス（下）

さて、シンガポールにもカラスはいる（図版2－19下）。ホーカーでも早朝など人間が少ない時間帯にはゴミ漁りに来る。こちらのカラスはイエガラスという種だ。小柄で、黒とグレーのツートンカラーである。鳴き声は、ハシボソガラスのようなしゃがれ声を甲高くした感じ。イエガラスも日本のカラス同様、ゴミを荒らし、糞害を及ぼす。しかし圧倒的に数が少ない。なぜか？　聞くところでは、政府が駆除しているらしい。しかも片っ端から射殺しているというから、さすがシンガポール、というかなんというか……。

カラスは人の顔を認識し、覚える。共同研究者の末田航氏は、シンガポールの自宅そばの最寄駅付近に群れるイエガラスたちに覚えられてしまった。私と一緒に変な音を聞かせていたために、危険なやつと認定されたのだろう。一羽が末田氏の顔を見つけると群れ全体で一斉に騒ぎ出すそうだ。ちなみに私も顔を覚えられた。近づくと騒ぐ。数カ月ぶりに訪れても、私が駅から出ていくと群れが騒ぎ出す。

だが、ちょっと想像してみてほしい。久々に訪れた地で駅を降りると、あたりにたむろする連中が色めき立つ――「やつだ！　やつが街に帰ってきたぞ！」と――。私は思った。出所したての大物みたいな気分だ……悪くない……。

第三章　カラスとしゃべる

1　鳴き声研究の苦労

イバラの道に進むまで

シンガポールのストリートに面(メン)が通って気をよくしていた私だが、日本へ帰ると実直なカラス・ソリューショニストに戻る。「顔だけでカラスを追い払える男」になれたらちょっと面白いが、私がたくさん複製されて全国へ貸し出される、とかでないと意味がない。いや、それ以前に、日本全国津々浦々のまだ見ぬカラスは私にビビってくれない。だから「声」を糸口にソリューションを究めていく道へと戻るしかないのだった。たぶんそんな人は日本広しといえど私だけだろう。

なんでこうなったのかと言えば……二十年近く前、恩師・杉田昭栄先生の言葉が私の人生を決めた。

「塚原くん、カラスが何しゃべってるかって、全然研究ないんだよ。やる?」

いま、こういうのを無茶振りといって、恩師から投げられたボールを学生はうまくよけるのだが、私は全然よけなかった――デッドボールだ、それも顔面への。毎週研究室で飲みに行っていたから、これも飲みの席のやりとりだったはず。飲んでるからよけようもない。「ああ、はい」とか答えたのだろう。こうして今に至る。

もともと生き物は好きで、群馬の実家では色々飼っていた。カブトムシやキンギョは当然として、カメ、インコ、ウズラなどなど（ウズラは、確か卵を食べようと思っていた）。それで、動物を勉強してみようか、という気持ちでお隣の栃木県の宇都宮大学農学部に入った。そこで杉田先生に出会うことになる。学部二年生で先生の授業を受けた私は感銘を受けた。動物の体の仕組みは面白そうだ。そして杉田先生の研究室を選んだ。いま考えればのんびりした学生時代だったが、まあ酒も飲みつつ、もっと勉強していける気がして、研究者を目指すことにした。母親は反対。そりゃそうだ、イバラの道だ。これで私は引き下がったわけではなく、「学費は自分で稼ぐ」と宣言して一年休学し働いた。いわば母親へのポーズだ。ちなみに、この時は群馬大学の守衛所に勤めた。同世代の学生たちがいかにも楽しそうに青春を送るのを横目に徹夜勤務していたのはちょっと辛い思い出だ。

復学を控え、杉田先生のもとへ研究テーマの相談に行った。先生は「君にいいテーマがあるよ」と言う。ちょうど先生のカラス研究が広く知られ始め、メディア取材が増えていた頃だった。私はカラスに対して特別興味があったわけではないが、面白そうとは思っていた。提案されたテーマが「カラスが何をしゃべっているか明らかにする」というもの。私は「ああ、はい」という二つ返事で……ああ、そうだ、最初は研究室で聞いたんだった！

先生、酒席のことばかり思い出して申し訳ございません！　ともあれ、その時はイバラの道だぜと自分で思っていたくせに、結局そのイバラのトゲに刺されて流血でもしないと、実際の大変さはわからないのだった。

カラスを追ってはいけない

さて、私に与えられた武器はデジタルオーディオテープレコーダーだった。デジタルＩＣレコーダーではない。記録媒体はあくまでテープだ。それじゃデジタルじゃないだろって？　いや、媒体はテープだが、記録方式はデジタルなのだ。……あまり得意な分野でないからもうこのへんでいいでしょうか。いわゆるＤＡＴというやつでした。

このレコーダーは肩にかける形なのだが、昔のテレビドキュメンタリーで出てくるインタビュアーみたいで、なんというか雰囲気が出るのがよかった。お弁当箱みたいなレコーダーと、予備のテープを数本携え、ひたすらカラスを追う日々が始まった（図版3―1）。カラスのいそうなところを探し、見つければマイクを向ける。すぐに「アッ アッ アッ」と短い繰り返しの鳴き声が録音できた。いいぞいいぞ。宇大（宇都宮大の略称だ）敷地内のカラスにもマイクを向けた。愛車も駆った。どこでも「アッアッアッ」が録音できる。……ふと気づく。「アッアッアッ」ばっかりじゃん……。これ、意味あるのか。

謎はのちに解けた。「アッアッアッ」は警戒コールだったのだ。そりゃそうだ。珍しく近づいてくる人間がいると思ったら、こけしみたいな棒を取り出して突き出してきて、なにやら期待顔でこっちを見つめてくる——カラスからしたら警戒しない方がおかしい。

図版3–1「街角インタビュー」みたいだ

カラスは目がいいこと、ヒトの顔を覚えることは前に書いた通りだ。私も馬鹿で、研究を始めたばかりの頃はわざわざ白衣を着こんで録音に出かけていた。これは目立つ。研究者イコール白衣——なんと幼稚な思い込みか！　おかげで宇大のカラスの間ではすっかり「怪しいやつ認定」されて、録音以前に視界に入るだけで「アッアッアッ」と騒がれるようになった——シンガポールからさかのぼること十五年、日本でも「顔だけで恐れられる男」だったこともあったのだ。

手元には、警戒コールの録音されたテープだけが増えていった。「カラスが何をしゃべっているか明らかにする」とはすなわち「『カラスの鳴き声辞典』を作る」ことだ。これでは辞典が「アッアッアッ：警戒の声」一項目だけで終わってしまう。もっと多様な鳴き声を収録しなければならない。それなら、ばれないように「盗聴録音」するしかないと、建物や車の中から狙うとか、来そうなスポットに待ち伏せするとかしてみた。傍から見れば私は、よくて下手な探偵、あるいは単に不審人物だった。鳴き声を追いかけてラブホテル街へ突入したこともある。まさに下手な探偵。だがこうして鳴き声のバリエーションは少しずつ広がっていった。

鳴き声を四十一種に分けた

さて、テープは山ほど溜まった。これをどう分類するか？

私の武器はもう一つあった。レコーダーと一緒に与えられた音声解析装置だ。音の特徴を言語化するなら「高い／低い」「澄んだ／濁った」などだが、感覚的、相対的であてにならない。この音声解析装置は、声の特徴を周波数や音圧などに数値化し、パソコンのソフトウェア上で前述のソナグラムに視覚化できる。

こう書くと分類も楽勝と思われそうだが全然違ったのだ。この解析装置には苦しめられた。ソフトウェアは説明書が英語だし、そもそも私は音に関する基礎知識がない。理系とはいえ高校の物理で赤点をとったぐらいだ……。しかしここは独学しかない。酒を減らし、音にまつわる本を何冊も読んで勉強して、どうにか、収録した音声をソナグラムにするところまでは行った。

しかし安心するのは早かった。このソフトウェア、そもそも人間の音声を分析するためのもので、それもわからず使っていたため見当違いの解析を繰り返していたことが判明する。その頃は音響学の専門書も読めるようになっていたが、これだってヒトの音声についての本なのであった。カラスが何をしゃべっているか知るために装置をどう活かせばよいか、見当がつかない。そもそも鳥の鳴き声の分析を一から教えてくれる本などなかった。研究室メンバーは皆、家畜の解剖や行動を研究テーマにしていて、音声解析の専門知識を持つ人はいなかったものの、私のやっていることがおかしいのは直感していたようだ。ゼミでは毎回けちょんけちょんに批判されて悔しい思いをした。酒量も増えた。

だがそのうち、収録した鳴き声をとにかくソナグラムに表して違いを比較する方法を編

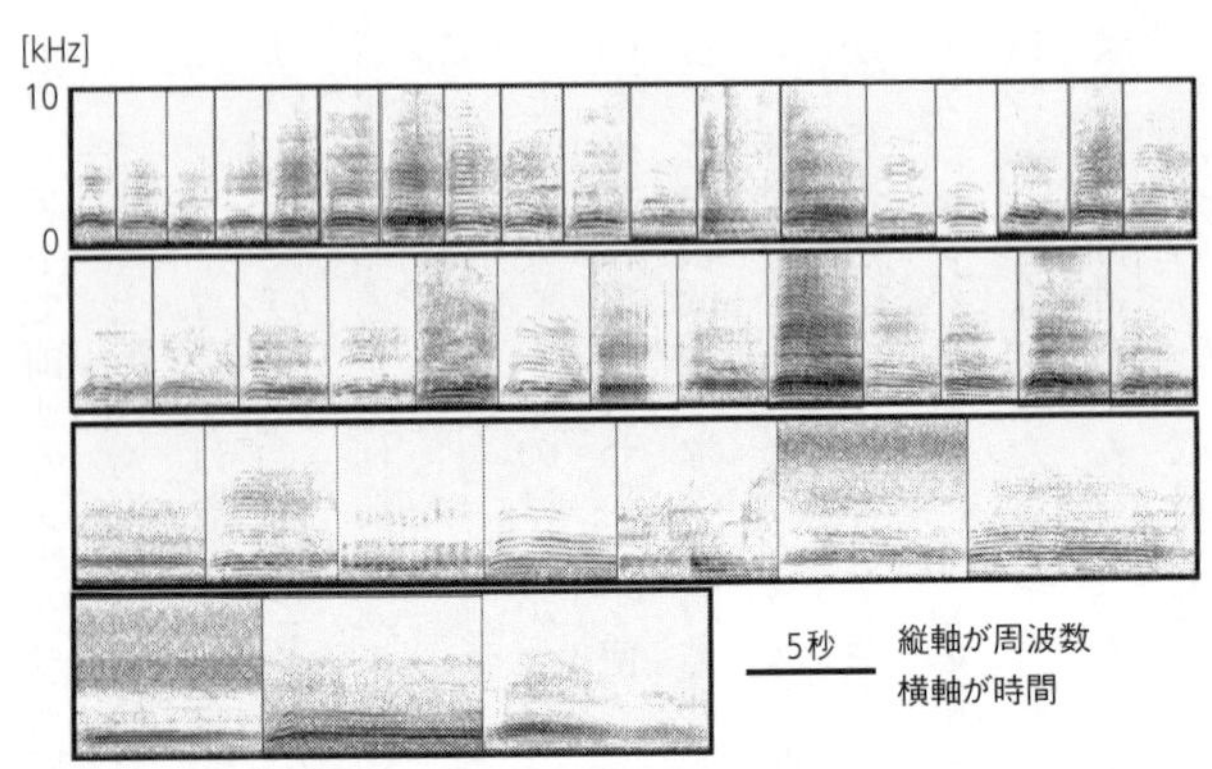

図版3–2　鳴き声をなんとか41種に分類した

み出した！　まず、雑音が少なくソナグラムが明瞭に読み取れるハシブトガラスの鳴き声を、サンプルとして五百ぐらいピックアップする。そしてすべてを紙に印刷、なんと目視で、ソナグラムの形を分類するという力業を成し遂げたのだ。

さてその結果、分類は四十一種に及んだ（図版3―2）。勘違いされるので先に言っておくと、これは四十一種の意味に分けたということではない。正確に言えば、収録した鳴き声を特徴からグループ分けすると四十一パターンになった、ということだ。つまり私は、卒業論文の段階では、師のお題「カラスが何をしゃべっているか明らかにする」を成し遂げるに至らなかったわけだ。

この頃は本当によく頑張ったと思う。卒論の締め切り間際など、この私にして、酒を飲まなかった日もあったかもしれない。ソナグラムを見つめながら鳴き声を再生し、これとこれは一緒だとか、似てるけど違うとか、判断を繰り返して積み重ねていった。夜中、寝床に入ったときも、ふと目が覚めたときも、カラスの鳴き声は脳内で再生され続けた。

今日から使える鳴き声辞典

さて、これまでの私の研究では、「カラスが何をしゃべっているか」は、ぶっちゃけた話、ほとんどわかっていない。鳴き声の意味を証明するのが非常に難しいのだ。収録した鳴き声をスピーカーから再生し、カラスに狙い通りの反応をさせられたらOKなのだが、そこまで行き着いていないのが現状だ。

そのため鳴き声の意味づけにはどうしても人間の主観が入ってしまう。結局は「観察記録」——どんなシチュエーションで発せられた声だったかというメモ——から、「何をしゃべっているか」を推測することになる。

人間で考えてみよう。私のまったく知らない言語で、「▽●&%■#」と強い調子で言う人がいて、背後にクマがいるとする。意味内容としては「逃げろ!」「そこをどけ!」などが考えられるだろう。こうして「何を言っているのか」を推測するのだが、「逃げろ」と

「どけ」はよく考えるとけっこう違うのだ。

こうやって人間が判断した意味が実は間違っていたということが、表面化するときもあればしないときもある。それまで思っていた意味とは全然違った、なんてことはザラにあった。間違いが表面化しないために、その後、わけがわからなくなることもある。

結局、カラスの鳴き声を人間の言葉に置き換えるのは非常に難しいということなのだ。番組や取材でよく、カラスの声を指してこれは日本語で言うとどういう意味ですか、などと聞かれるが、一対一で対応する「訳語」があるわけではない。

と、ここまで書いてきて、さすがに、「全然わからない」だけでは読んでくれている方に悪い気がしてきた。これまでの研究で、まあ外れてはいないだろうと思われる六種類の鳴き声に、大胆に「訳語」をつけてご紹介しましょう。すぐに使える鳴き声辞典だ。

①「アー」という優しい鳴き声。これはコンタクトコール、「挨拶の鳴き声」だ（図版3-3）。群れているカラスたちはこれでよく鳴き交わす。僕はここだよー、私もいるよー、という感じだ。コンタクトコールには個体情報が含まれ、聞けばどこの誰かわかるようだ。

②「ア〜〜ア〜ア〜ア〜ア」という長めの鳴き声。これは存在のアピールだ。「俺はここにいるぜ！」と日本語訳してしまうとコンタクトコールと似てしまうが、こちらはあまり鳴

き交わさない。挨拶というより、自分の居場所を仲間に知らせていると考えられる。
③「アッ アッ アッ アッ」という、平板な短い鳴き声の繰り返し。餌を見つけたときに聞かれる「食べ物みっけ！」だ。これが聞こえると、餌にありつけると思ってカラスは集まってくる。
④「グワ〜〜ワワ」という震えた鳴き声。これは求愛だ。「訳語」は、……恐縮だが各自で思い浮かべていただければ幸いだ。つがいのオスかメスが、相手に甘えているとき、求愛給餌（きゅうじ）という、異性に餌をあげる行為の際に発しているようだ。

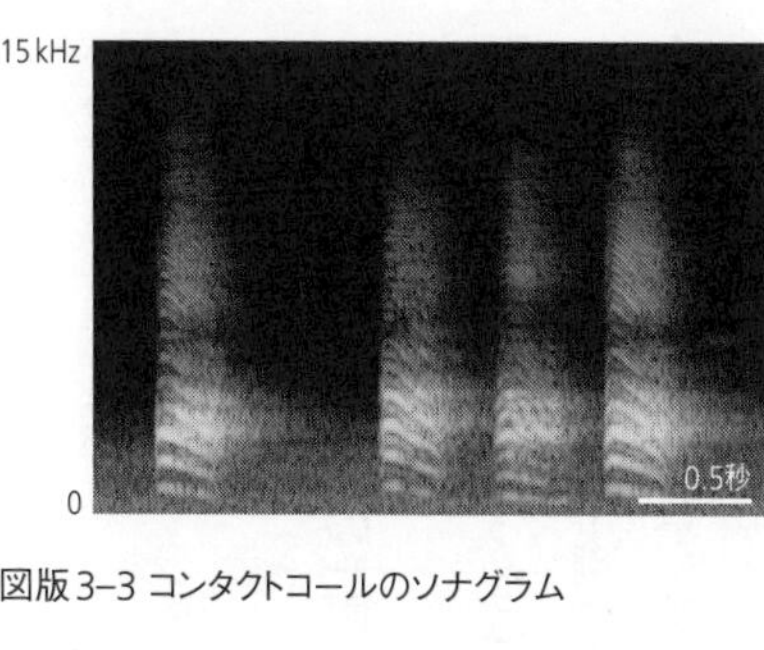

図版3–3 コンタクトコールのソナグラム

⑤「アッ アッ アッ」という強く短い繰り返し。これはすでにご紹介した、「怪しいやつが来た！ 気をつけろ！」という警戒の鳴き声だ。警戒度合いが強まると鳴き声と間隔が短くなり、繰り返し回数が増えて「アッアッアッアッアッ」となる。
⑥「ガーガーガー」と濁った声は「威嚇」だ。「おどれぇやんのか！」とか。ドスがきいているように感じられる。こ

の鳴き声を聞いたら、カラスは威嚇攻撃の臨戦態勢に入っていると思って注意してほしい。いわば最後通告だ。

2　カラスの「声帯」解剖

真面目に解剖してわかったこと

杉田先生の専門は解剖学だ。私は卒論で「鳴き声辞典」を完成させられなかったが、修士課程に進んでからは、鳴き声の研究に加え、解剖学的な仕事にも取り組んだ。

四十一種に分けたように、ハシブトガラスの鳴き声は多様だ。多様な発声を可能にしている仕組みを、発声器官を解剖することで明らかにできると考えたのだ。

ヒトは声帯で声を作る。声帯とは、いわゆる喉仏だと考えていい。口腔の奥にあって、気管との境に位置し、ぴたりと「閉じる」ことができる。肺から出た空気が、閉じた声帯を通過する際に振動して「声の素」ができる。これが口腔や鼻腔を通過する際に共鳴し、声となる。

音源になる部位が、ヒトが声帯であるのに対し、鳥では「鳴管（めいかん）」となる。ここで「鳴き声の素」が作られる。声帯は気管の上部、つまり口の方に位置するのに対し、鳴管はより肺の方の、気管と気管支の間に位置する。

鳴管は種によって位置や形が大きく異なる。いくつかのタイプがあるが、二つに大別できる。ニワトリやオウムの鳴管は気管側に位置するのに対し、カラスやカナリアなどは気管支側にある。気管側に位置するタイプの鳴管は音源が一つだが、気管支側に位置するタイプは音源が二つある。鳴管には外側に鳴管筋と呼ばれる筋肉が付いている。この鳴管筋が伸縮することで鳴管の形状が変化し、鳴き声が作られている。

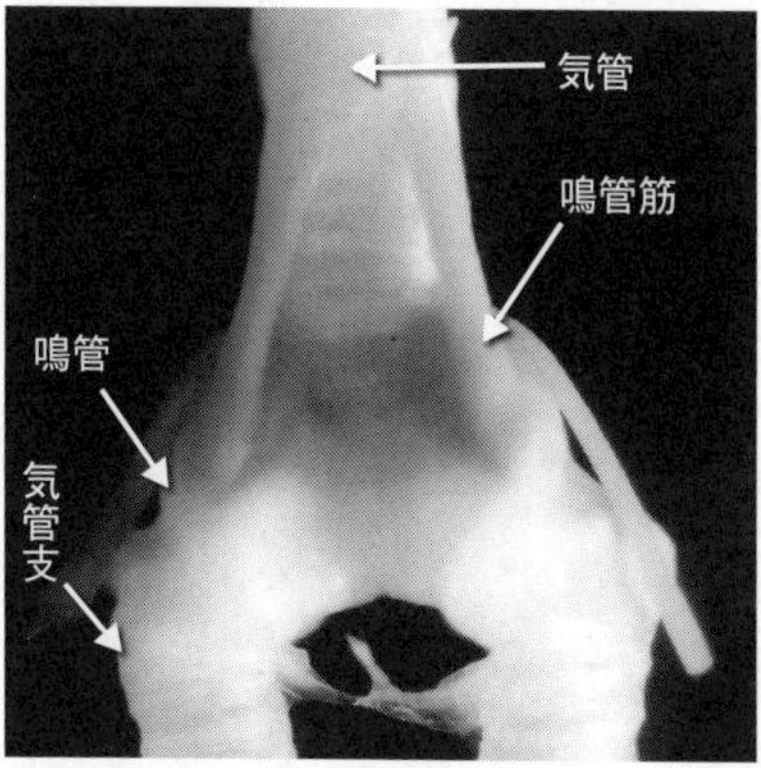

図版3–4　ハシブトガラスの鳴管

カラスの鳴管を取り出すと、しっかりした筋肉がいくつか観察される（図版3–4）。この鳴管筋がいくつ付いているのか、筋肉がどのように走っているかを調べた。まず、採取した鳴管をロウに埋める。その後、十マイクロメートル（〇・〇一ミり）に薄く連続で切る。鳴管は二センチほどなので、単純計算で二千枚になる、気の遠くなるような作業だ。薄くスライスした鳴管はスライドガラスに貼り付け、筋肉や周りの膜などを識別できるように染色し、顕微鏡で観察する。気管側から気管支側に鳴管の筋肉を追っていく。この作業もなかなか根気がいる。

こうして得られた平面（二次元）の情報を立体（三次元）へと構築し、ハシブトガラスの鳴管筋がそれぞれどのように走っているかの詳細な情報と、鳴管筋の数が左右で七対であることがわかった。複雑なさえずりを行う鳥でも六対で、それよりも多いのだ。この発達した鳴管筋が、ハシブトガラスの多様な発声を可能にしていると思われた。

ハシブトガラスとハシボソガラスの鳴き声が違う理由

真面目な話になってきたが当然である。これぞカラス・ソリューショニストの私の原点であり、誰よりも深く探求してきた自負もあるからだ。もっと続けてもいいだろうか。ここからが面白いのだ。

ハシブトガラスとハシボソガラス、私たちが日常で目にするのはだいたいこの二種のどちらかだが、どうしてもこの二種を見分けて周囲に自慢したい！という方のために、見た目以外の要因を教えて差し上げよう。カーと澄んだ声で鳴けるのはハシブトガラスで、ガーと濁った声でしか鳴けないのがハシボソガラスである。

もっと突っ込んでみよう。両者の鳴き声の違いは発声器官である鳴管にあるに違いない——そう思って解剖した。鳴管を縦に割ると、ラビアと呼ばれるゼリー状の構造体が見える。ここがカラスの鳴き声の音源となる。ハシブトガラスのラビアは肉厚で、逆にハシボソガラスでは薄いことがわかった（図版3–5）。

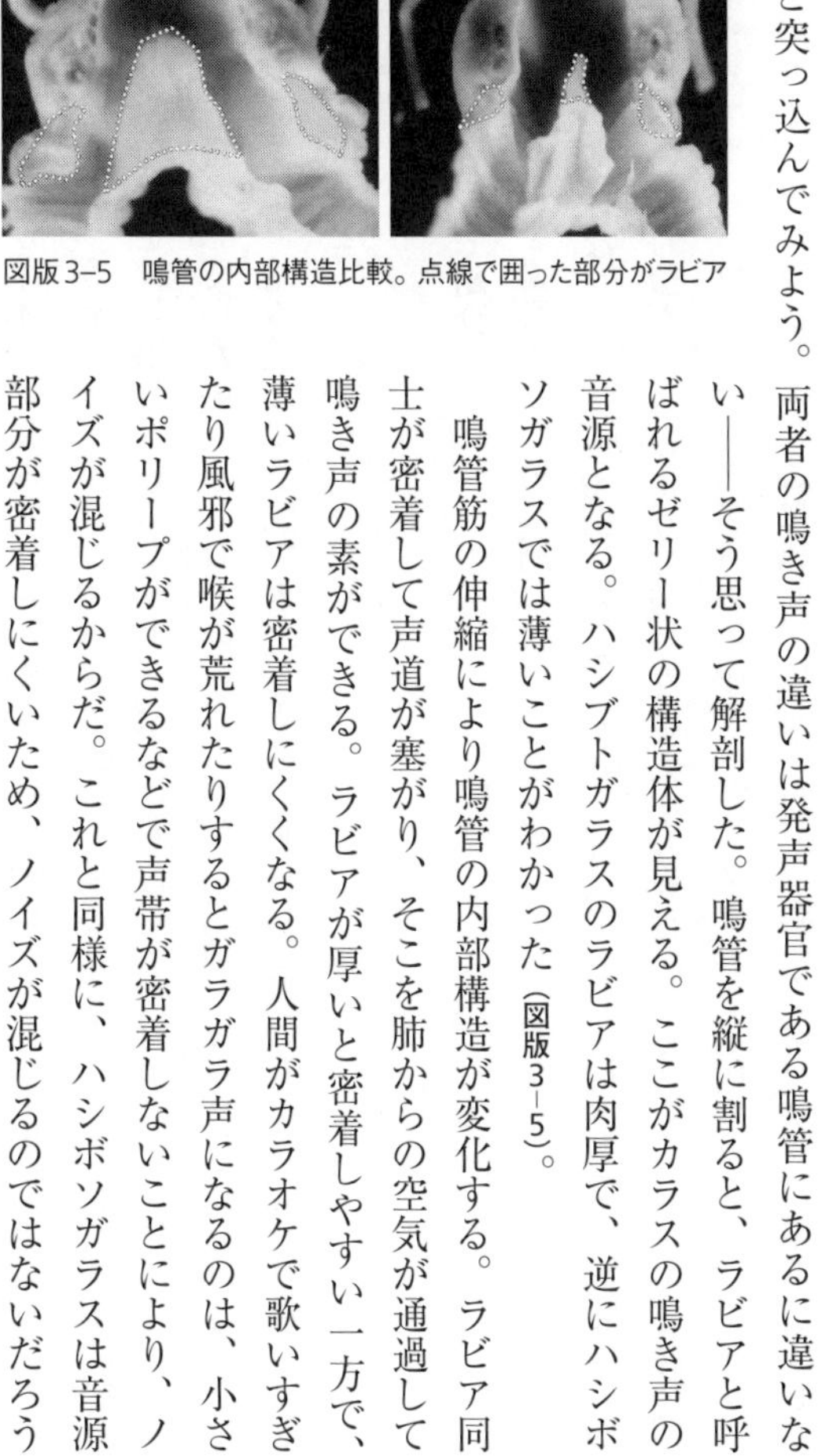
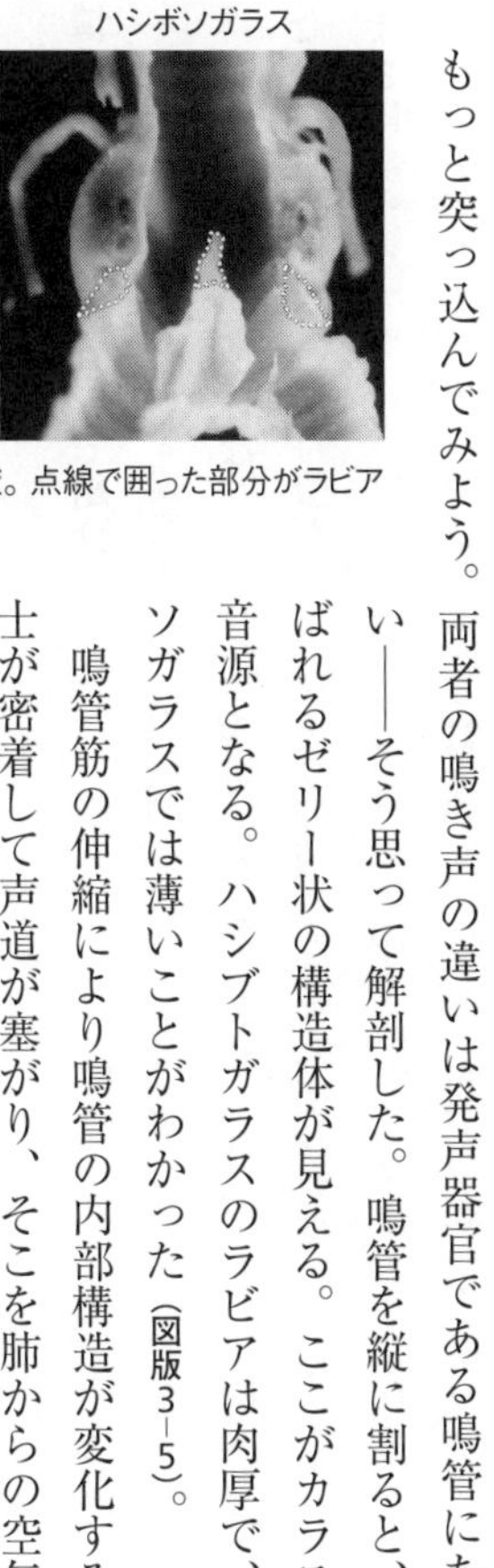

図版3–5　鳴管の内部構造比較。点線で囲った部分がラビア

鳴管筋の伸縮により鳴管の内部構造が変化する。ラビア同士が密着して声道が塞がり、そこを肺からの空気が通過して鳴き声の素ができる。ラビアが厚いと密着しやすい一方で、薄いラビアは密着しにくくなる。人間がカラオケで歌いすぎたり風邪で喉が荒れたりするとガラガラ声になるのは、小さいポリープができるなどで声帯が密着しないことにより、ノイズが混じるからだ。これと同様に、ハシボソガラスは音源部分が密着しにくいため、ノイズが混じるのではないだろう

か。ハシボソガラスが基本的には濁った声しか発しないのは、こうした構造上の理由かもしれない。例外的に、飼育下のハシボソガラスが澄んだ鳴き声を発していたのを見たことがある。努力して声を絞り出しているようで、なんとも苦しそうだった。ラビアを密着させるために、無理をしていたのかもしれない。ともあれ、二種のカラスを見分けるときに生理学的な違いにまで踏み込んで解説できたら尊敬の眼差しで見られるかもしれない。私には経験がないけれど。

博論の内容を三ページで紹介

カナリアは鳴き声を鑑賞するために飼われる。声は美しいだけでなく、ピイピイとかキユルルルとか、多様なフレーズを複雑に組み合わせ、歌のように構成して一定時間にわたってさえずるのが特徴だ。このように複雑なさえずりを持つ鳥をソングバードと呼ぶ。まさに歌う鳥である。分類学上、スズメ目の中で「スズメ亜目」に属するグループがソングバードである。実はカラスもここに属しているから、分類学上はソングバードだ。しかしながら、カラスはさえずりというものを持っていないと考えられている。

ソングバードの鳴管筋を動かす神経は特徴的で、左右の鳴管筋はそれぞれ独立した神経支配となっている。すなわち左の脳は左の鳴管筋を、右の脳は右の鳴管筋を動かしている。完全に分かれているので、左右の音源から別々のタイミングで独立して音を発することができる。こうして複雑な旋律のさえずりを発することができるのだ。ちなみに、ソングバードでないグループは、左右の脳が連携して鳴管筋を動かしている。

カラスはソングバードに属するが、明確なさえずりを持たない。また、前述した通り、鳴管筋がよく発達している。さえずりを持たないことと、神経支配の実態には関連があるのではないか。こう考えて実験してみた。まず、鳴管筋に特殊な試薬（トレーサー）を注入する。トレーサーは神経をさかのぼって延髄（脳と脊髄をつなぐ部分）にまで到達する。左の鳴管筋にトレーサーを注入して、左の延髄にのみトレーサーの反応が現れれば、ほかのソングバード同様、左右が独立していると考えられる。

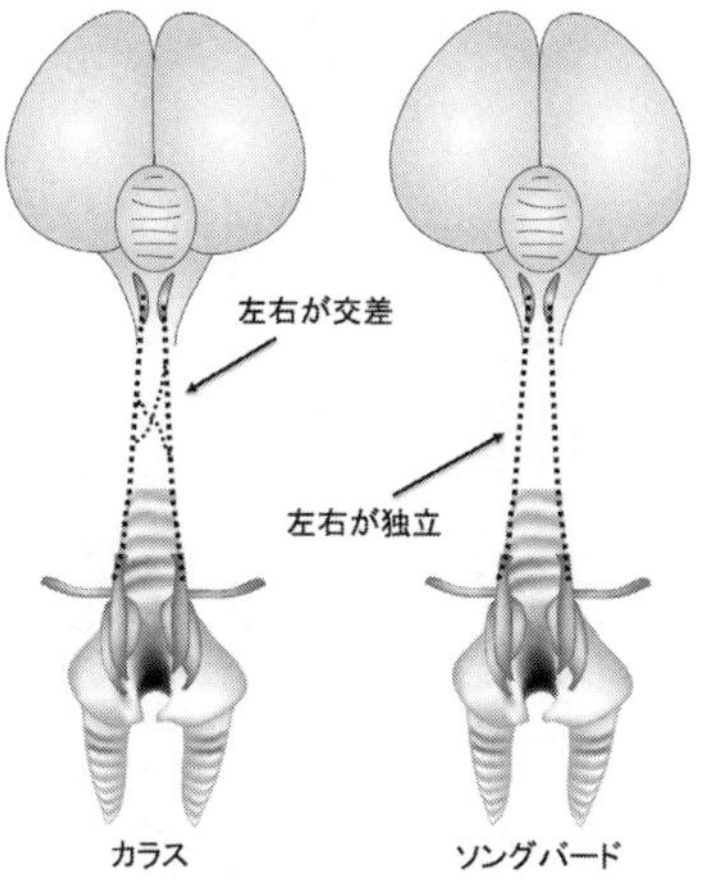

図版3–6　鳴管を支配する系統が違う

ところがトレーサーの反応は左右の延髄に現れた。つまりカラスはソングバードであるにもかかわらず左右が独立していなかったのだ（図版3－6）。ソングバード＝左右独立、という学説はカラスには当てはまらなかったことを発見した。

では、なぜカラスはソングバードでありながら左右独立ではないのか。私は、カラスが複雑なさえずりを発する能力を捨て、多様な発声を行う能力の方を獲得した結果ではないかと考えている。

ソングバードが複雑なさえずりを行う理由はハンディキャップ理論で説明されている。前章の「カラスはなんで黒いんですか？」で説明した理論だ。すなわち、こんなに派手なさえずりで目立ってるのに僕生きてるよー、生命力強いでしょーとアピールできるというものだ。だが現実的には生態ピラミッドの頂上にいるカラスにとってハンディキャップは異性へのアピールにつながらないから、複雑なさえずりは不要である。複雑なさえずりをしないのなら神経支配は左右独立でなくてよい。逆に、左右が連携した方が音の調整ができ、発声の種類の幅が広がるという事情があるのではないか。カラスは進化史上、多様な発声によって音声コミュニケーションのレパートリーを増やした方が得であるという戦略をとったのかもしれない。

私の博士論文は、ハシブトガラスは多様な発声を行うこと、それは、発達した鳴管筋を持つことおよび左右の神経が連携して鳴管筋を動かしていることによって可能になっているのだろう、という内容を報告するものとなった。

3　応用してもいいですか

農家を廃業させたカラス

大学院生時代に主としてやってきたのは右のような「基礎研究」である。「カラスなぜ鳴くの」「カラスどう鳴くの」「カラス神経どうなってるの」という問いに真剣に取り組んだが、「それ何の役に立つの」という厳しい（「心ない」と言いたいが我慢しよう）問いは有形無形に感じていた。地道な基礎研究とはそういうものなのだとは思いながら、それほど潔く割り切れるものではない。

その傍ら、「応用研究」への誘惑は絶えずあった。その一つは、カラス被害の深刻さを目の当たりにしたことだ。使命感をかき立てられたと言える、重大なきっかけだった。

杉田研究室には、カラスに関する〝お困り〟相談が寄せられる。それまでの私の認識は、カラス被害って街のゴミ荒らしぐらいでしょ、というものだったが、私も研究室の仕事を手伝う中でその無知を思い知らされることになった。確かに街中での被害はあったが、道路が真っ白になる糞害は現場を目撃すると絶句する。何より大群が鳴きわめくとじつにうるさい。電力会社ではカラスの営巣が停電を引き起こすため、年間数億円の対策費用を投じており、これは私たちの電気料金に跳ね返ってくることになる。

だが、特に被害が深刻なのは農家だった。収穫を翌日に控えた梨農家で、夕方、カラスの群れが一斉に梨畑を襲った。なんという不運なタイミング。梨は食い荒らされ、出荷は不可能となった。これで廃業を決意したという。また、ある酪農家で産まれたばかりの待望の子牛が、カラスによって目玉をえぐられてしまった！　またある畜産現場では、カラスが伝染病を運んでいる可能性が指摘され、農家は必死の侵入防止策を講じているものの、費用は常に利益を脅かしているという。

私はそれまでカラスを特に好きだと感じていなかったものの、研究対象として順当な（？）愛着は抱いていた。だがこうした被害と農家のカラスへの敵意を知るにつけ、野生動物に無邪気な視線を向けられないことを改めて実感するようになる。その一方、もしかしたら自分のカラス研究が対策に活かせるのでは、という思いも強くなった。基礎研究というのは面白いこともあるが、前述のように非常に地道な積み重ねが基本だ。科学者として基礎研究を行う者が、自分の研究成果を応用できるかも、という思いに駆られたとき、これを黙殺しきって基礎研究だけに徹し続けるのは、実はかなり難しいのだ。

博士課程の学生がそちらへ足を踏み入れるのは危険とわかっていたが、基礎研究と並行して応用研究も進めることになった。許してくれた杉田先生には本当に感謝している。

ディストレスコールは偶然に

カラスの被害対策に、カラス自身の音声コミュニケーションを利用しよう——これは当初も今も変わらぬ発想だ。しかし当時は浅はかだった。カラスの警戒や威嚇の鳴き声をスピーカーから流せば、カラスはだまされて逃げるだろう——そう思ってやってみたら、なかなかうまくいかない。逃げることもあるが、反応がないこともしばしば。そこで、収録した色々な鳴き声を片っ端からカラスに聞かせてみた。その中で明らかに一つだけ、カラスの反応が大きい鳴き声があった。カラスが猛禽と争っている時に発した鳴き声だ。

その鳴き声との出会いは偶然だった。当時の私の車はスズキのジムニー。車室が狭いうえに座席にサスペンションという優しさがなくて尻が痛くなる。しかし河原や山道など悪路が得意で、遊び心に応えてくれる愛車だった。ある日このジムニーで山道を楽しみつつカラスを張り込んでいたとき、「グワッガー グワッ」と、聞いたことのない鳴き声が聞こえてきた。レコーダーのスイッチを入れつつ近寄る——猛禽とカラスが争う声だった。しばらく攻防が続いたが、助太刀するようにカラスが大勢近づいてきた。これが「モビング」だ。小鳥などが多勢で、自分たちよりも大きな鳥に対して威嚇攻撃を仕掛けて追い払う行動である。この時もモビングにより猛禽はあきらめて去っていった。仲間は頼もしい!

この、カラスが猛禽と争っている時に発した鳴き声は、いわゆるディストレスコールというものだ。その時は不勉強で知らなかったが、ディストレスコールを流して鳥を追い払うという方法は昔から行われている。私は偶然拾ったこの鳴き声をスピーカーから再生することで、一度はカラスを追い払うことに成功した。

特許になった「カラスの逃避パターン」

しかし、カラスはディストレスコールにすぐ慣れてしまうこともわかった。延々と再生するだけでは、じきに反応しなくなってしまうのだ。おそらく、状況が不自然だからであろう。猛禽もいなければ、襲われているカラスも見当たらないし、同じ鳴き声が繰り返し聞こえてくるのもおかしい。賢いカラスをだますには、カラスにとってのリアルな状況を作り出さなければならないのだ。

そこで、カラスが逃げる際の状況を再現してみようと思いついた。カラスの音声コミュニケーション研究を始めた頃、マイクをカラスに向けるためにいつも警戒の鳴き声しか収録できなかったと書いたが、それを繰り返しているうちに、群れが逃げる際にはパターンが存在することがわかった。まず一羽か二羽のカラスが警戒の鳴き声を発する。警戒の鳴き声にも何種類かあるが、緊張度が増すと鳴き声が変化する。鳴き声が短くなり、回数が増えるのだ。さらに緊張度が増すと威嚇の鳴き声に変わり、さらに緊張度が増すと「逃避」の声を発しながら去っていくことがわかっていた。

そして、このパターンをスピーカーで再現すれば逃避を促せること、そして追い払い効果がある程度持続することも確かめられた。その後、時間はかかったがこのアイディアで特許を取得することができた。

4　鳴き声はどこまでわかったか

カラスに方言はあるのか

「カラスに方言はあるんですか？」――これもよく聞かれる質問だ。

二〇一四年頃からカラスの鳴き声の地域差を研究している。当時は総研大で助教をしており出張三昧であった――誤解なきよう。酒食目当てに出張していたわけではない。

私が在籍した総研大の本部は葉山にあるが、キャンパスは都内やつくば、三島、京都、大阪などに点在していた。また、所属していた学融合推進センターは、異分野の研究をくっつけて従来にない新しい分野の研究を作るのがミッションだった。そのためには出会いの場が不可欠であり、とにかくイベントや飲み会を開くのが自分の使命だと本気で思って一生懸命やっていた。そのため出張で全国を飛び回っていたのだ。

出張は各地ならではの料理やお酒を楽しめる。地のものを使った肴は最高だ。その頃、『孤独のグルメ』がマイブームだった。かの主人公を真似て一人で数々の店の暖簾をくぐった。こうして一年間で、各地のうまい店データベースと同時に十五キロの贅肉も手に入れることになった。もう一度言っておくが、酒食目当てに出張していたわけではない。

さて、酒ばかり飲んでいてはいけない。総研大では課された業務をちゃんとやっていれば合間の時間は好きな研究ができた。独立した研究者だったともいえる。杉田先生の下を離れたが、カラスの研究は続けようと思っていた。テーマを明確に定めてはいなかったが、原点に返り、カラスの観察と鳴き声を収集して研究していくことにした。

というわけで、出張ついでに色々な地域のカラスの鳴き声を集めた。そんなときに、講演で「カラスに方言はあるんですか」という質問を受けた。く、悔しい……「わかりません」としか答えられなかった。その瞬間に、これをテーマにしようと決意する。しかし、各地のカラスの鳴き声をただ録音するだけではダメだ。前述した通り、カラスの鳴き声は多様である。比較するのは同じシチュエーションの鳴き声でなければならない。

それならと、かつて研究を始めてすぐの頃に悩まされた警戒の鳴き声に絞ることにした。苦労の記憶だが、経験に不足はない。その一方で、鳴き声に私という人間が直接かかわっているため、この人的要因を排除したいと思い、カラスの持つ縄張りに注目した。縄張り内で、カラスのコンタクトコールを再生する。すると侵入者と勘違いし、警戒の鳴き声を発するはずだ。この声を収録することにした。

図版3–7　スピーカー（黒い円柱）に警戒するカラス

例えばこうだ。出張先で前夜の酒が抜けないまま、日の出とともにレコーダー、ビデオカメラ、スピーカー、プレーヤーを携え、公園へ赴く。宇都宮で収録したコンタクトコールをスピーカーから再生する。するとバサバサバサという羽ばたき音とともに二羽のカラスがスピーカーの上空に飛来し、近くの木や電柱を行ったり来たりし始める。さらに再生を繰り返すと、一羽が「アッアッアッ」というお決まりの警戒の声を発する（図版3–7）。しつこく再生すると、とまり木にクチバシをこすり付け始める。この苛立ちの仕草を横目に、スピーカーから「アー」という間の抜けた鳴き声を流すと、これに呼応して「アッアッアッアッアッアッ」と短く強く繰り返しながら近くの木を行ったり来たりする。二羽の緊迫とは対照的に、「アー」と鳴く平和なスピーカー。二羽はやがて「ガー」という濁った鳴き声を発する。威嚇だ。収録はこれぐらいで十分だ。お邪魔してごめんなさい、とカラスに一礼して去る。

こうして北海道、青森、岩手から福岡、佐賀、沖縄と東西南北津々浦々、各地のカラスをお騒がせし続け、サンプルは集まってきた。この研究を始めてから六年、果たしてカラスの方言の実態は……？　ごめんなさい。実はまだわからない。出張の朝、雨の日以外はほとんど実験しているが、まだ解析には手をつけられていないのだ。総研大在職時から今まで多数のプロジェクトが立ち上がり、中には出資を受けているテーマもある。責任から、そうしたテーマを優先させた結果、今に至るわけだ。

ただ、この研究で一つ、確かなことがわかった。北海道でも、長野でも、沖縄でも、宇都宮のカラスの鳴き声が通じるということだ。関東で生まれ育った私は、沖縄のおばあ、津軽弁のじっことの会話で苦労した経験がある。カラスに方言があるかないかはまだ不明だが、少なくともカラス同士は私よりも通じ合っているに違いない。

江戸家小猫氏の凄腕

「カラスと会話がしたいのですが……」。ある日、テレビ局から企画を持ち掛けられた。人間がカラスの鳴き真似をして会話をしたいのだと言う。んな無茶な！　というのが私の正直な気持ちだった。そして実際、「無理だと思います」と冷たく言った。

カラスと「鳴き交わす」ことなら実は難しくない。コンタクトコールを少し練習すればカラスはちゃんとコンタクトコールを返してくれる。しかし番組側が求めていたのは、様々な鳴き声を使ってカラスの行動をコントロールすることだった。もし人間でなくカラスの鳴き声を使えばコントロールはいくらか可能だ。しかし、これをヒトが鳴き真似でやるとなると、相当練習して、かなり忠実に鳴き声を再現しなければならない……。結局、まあ難しいかもしれないけどやってみましょう、という話になった。

さて、誰が鳴き真似をするのか。番組側が連れてきたのはなんと江戸家小猫氏だった。代々江戸家猫八を名乗る家（父君が四代目だ）の、動物の鳴き真似で随一の演芸家だ。非常に腰が低く丁寧で誠実な方で、何よりも鳴き真似がすごい。カラスの鳴き真似をしてもらうと私が聞いても実際のカラスにかなり近かった。とはいっても、これは小猫氏自身が言うように、「人間が思うカラス」の声にディフォルメされた声だ。芸として真似るというのはそういうことだろう。物真似タレントがウケるのは、真似する相手の一部を切り取って誇張するからだろう。芸人ハリウッドザコシショウの誇張しすぎた物真似シリーズが斬新なのは、もはや似せる気がないからだ。（例外として、某ルーペの売り上げに貢献していると思しき物真似は正統派だ。）

さて、小猫氏の「芸としてのカラスの鳴き真似」をソナグラムで見るとやはり本物とは違う。そこで本物の鳴き声を聞いてもらい、ソナグラムで説明した。小猫氏がちょっと声を整える。そして次に発したのは……かなりカラスに近いコンタクトコールだった。

本当にびっくりした。私は当初この企画がどうせうまくいかないだろうと、あまり乗り気でない顔をしていたらしい。しかし小猫氏のこの鳴き真似を聞いた瞬間、「これはいけるかも……」と思った。私は気持ちがすぐに顔に出てしまう方で、スタッフには全部ばれていたことが、あとで「塚原さんあのとき目の色が思い切り変わりましたね」と言われてわかった。大人気なくて恥ずかしい。カラスもヒトも、だますのは楽ではない。

ところで小猫氏の鳴き声もソナグラムに表して比較したところ、あと一歩を埋める鍵となったのは「ノイズ」だと思われた。持参したのはハシブトガラスの声で、このカラスは澄んだ鳴き声も出すが、それも実はノイズが混じっている。カラスの声と比べるとヒトはかなり澄んでいるのだ。小猫氏にこのノイズをどう表現しようかと相談したところ、紙コップを使ったり、手で口を覆ったりして、みごとノイズまで表現してしまった！

小猫氏にはこのコンタクトコールのほか、「餌発見」「警戒」「ディストレス」のコールを練習してもらった。いちばん難しいのは明らかにディストレスコールだ。さすがの小猫氏も苦戦気味で、それはともかく「グオア」なんて喉に負担のかかる声を出させて本業に影響したらどうしようと心配したりした。ここまでは打ち合わせの段階の話。

さて、本番当日。日の出前の朝四時半にスタッフの方々、小猫氏と東京都港区新橋に集合した。小猫氏は舞台衣装で決めてきた。ところが今日に限ってカラスが少ない気がする……。新橋でもゴミの夜間収集が行われていてゴミが少ないようだ。ちょっと不安。

まずはコンタクトコールを試す。小猫氏が隠れて「アー」と発する。おお、打ち合わせ時よりさらにリアルだ！　しかし反応がない。もう一度小猫氏の「アー」。すると後ろの方から「アー」の鳴き返しが起こった！　おみごと！　成功である。

続いて餌発見の鳴き声。これでカラスが集まってきてくれれば成功だ。その名も烏森口の飲み屋街の路地に「アッアッアッアッ」と小猫氏の鳴き真似が響く。一羽がスーッと飛来した！　思わず、「おおっ……」と声を漏らしてまう。だが、いかんせんカラスの数が少ない。その後、何度か鳴き真似。周辺には明らかにカラスが増えた。しかしテレビというのは難しい。わかりやすい映像にはならずカットとなった。その後警戒の鳴き真似も試し、ある程度反応はあったもののこちらも映像としては使いづらかったようだ。

そしていよいよディストレスコールを試す段だ。場所を、ＪＲ原宿駅近くの代々木公園へ移す。ここはカラスたちが昼下がりをゆっくり過ごす場所だ。至近の明治神宮がねぐらになっていること、水場があることなどが、昼間カラスが集まる要因であろう。虫をほじくったり行水をしたり、思い思いに過ごすカラスが多い。

一発勝負になると予想していた。一度失敗すれば二度目はない。念を入れて、小猫氏という人間が音を発していることを決して悟られないよう工夫する。小猫氏の声をマイクで拾い、遠くのスピーカーに送って再生することにした。紙袋に隠されたスピーカーから、こうして小猫氏の鳴き真似が流された――。

「グワッ、グオア」――。その瞬間、付近にいた数十羽のカラスが一斉に飛び立ち、上空を旋回し始めた！「おぉ！　す、すごい！」。私は本当に感動してしまった。スピーカーで本物のディストレスコールを再生した時とまったく同じ反応だ。本当におみごとと言うしかない！　カラスの群れの行動を意図通りにコントロールできたのだ。

小猫氏とスタッフの努力が実って企画は大成功した。公共放送衛星波の『イグノーベル賞マジで狙ってみた…』という番組だが、好評で第二弾も決まったそうで私も嬉しい。

ちなみに図版3-8はカラスのコンタクトコールとそれを真似た小猫氏および番組スタッフの鳴き真似のソナグラムだ。ソナグラムの形・縞模様の出方など、小猫氏の鳴き真似が

ハシブトガラス

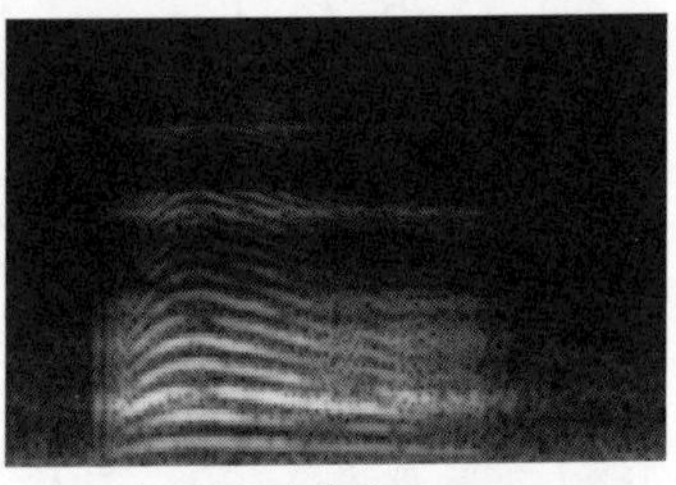

小猫氏

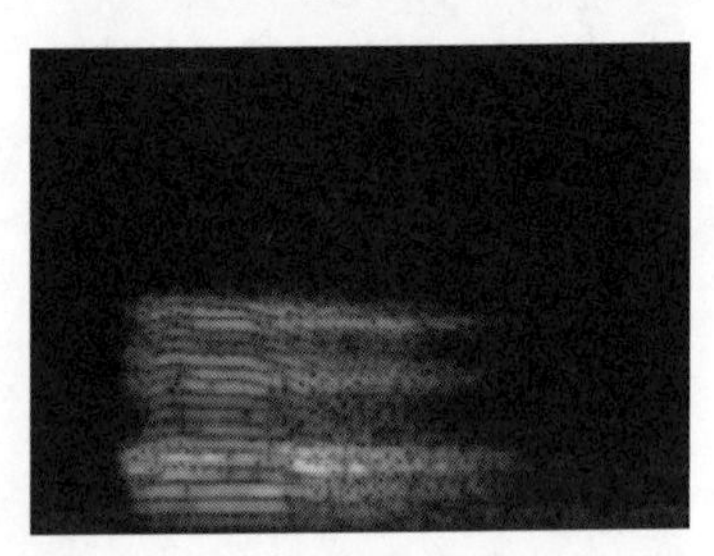

スタッフ

図版3–8　鳴き真似のソナグラムを比べると小猫氏のものがかなり本物に近い

いかにカラスに近いかがわかるだろう。

科研費に応募してみた

イグノーベル賞を狙うわけではないが、小猫氏との取り組みをアカデミックなものにできないかと思い、国の研究費である科研費（科学研究費助成事業）に応募することとした。科研費の中では採択されやすい基盤研究（C）という種目だが、採択率は三割以下だ。カラスと会話します、みたいな書き方ではアピールできない。もともと私には調べてみたいことがあった――ディストレスコールには種を超えて共通する音響的特徴があるのかということだ。実はカラスのディストレスコールは種によって大きく異なる。ハシブトガラスが「グワッ、グオア」だとすればハシボソガラスは「グワッガー グワッ」だ。だが、それまでハシブトガラスのディストレスコールをハシボソガラスの群れに聞かせても、大陸から来たミヤマガラスに聞かせても、さらには驚くことに私の面が割れているシンガポールのイエガラスたちに聞かせても、同様に忌避反応が得られていた。これは、種の違いを越えて共通する、もしかするとカラスだけにわかる音響的な特徴があるのではと推測していた。

そこで今回、小猫氏の協力を得て様々なディストレスコールの鳴き真似をカラスに聞かせ、鳴き真似をどこまで変えたら忌避反応がなくなるのかを試すことで、音響的特徴を特定するという研究計画を立てた。研究課題名は、「カラスはディストレスコールのどの音響的特徴を忌避するか？　鳴き真似から炙り出す」とした。説明的かつ面白そうでずいぶん長いタイトルだ。そして二〇一九年四月、めでたく研究計画が採択された！　まさに現在進行中。成果の発表まで、乞うご期待！

第四章　カラスを食べる

1　カラス料理を趣味から仕事にする

まずは塩焼きに

私の肩書のうち一つは「カラス料理研究家」である。講演で「家ではカラスを食べているんですか？」という質問を受けたことがあるが、そういうわけではありません。研究家なのです。では、なぜカラスを食べる研究をするのか、最初に説明しておこう。

宇大の農学部生だった頃、ある友人に、猟をする父親が手に入れたからとイノシシの肉を食べさせてもらったことがある。非常に美味しく、これが野生動物の肉か！と感動しながら、料理が大好きな私の中では、カラスを研究することの中にカラス肉を料理するということが自然に入ってきたのだった。これが、食べる研究を始めた最大のきっかけだった。

次に、カラスがただ「処分」されている現実をなんとかしたいからだ。平成二十八年度の「鳥獣統計情報」によると、この年度は全国で十万羽超のカラスが有害鳥獣として捕獲された。意外な多さに驚かれるのではないだろうか。イノシシやシカとは違ってカラスには「ジビエ」のような利活用のルートがない。人間の都合で命を奪うのだから、ただ処分するより食資源として利用するのがいいはずだ。

さらに、カラスが人間に「食べ物」と認識されたとして、明らかにしたいことがあるからだ。負のイメージが強い新規タンパク源をヒトが受容する過程で、何がきっかけになるかということ。どう仕掛ければこの転換が起きるかということを知りたいのだ。

「カラスをパイにして東京名物に」――。過激な言動がよく話題になった都知事の二〇〇〇年ごろの発言だ。これが理由だったわけでもないが、実際にカラスを食べてみようと思い立ったのが大学院生の頃だった。宇大の研究室には有害鳥獣として駆除された個体が運び込まれることがある。これを利用することになった。

まずよく洗い、羽をむしる。ニワトリでいう丸鶏（丸烏）にしてから、大きく張り出す胸の皮を剝ぐと、まるで牛肉のような、きれいな赤い胸肉が現れる。この胸肉を取り出す。片胸で四十グラム、ちょっと大きめの唐揚げになるぐらいの大きさだ。

さて、どう料理したものか。研究室にはガスコンロや調理器具があって簡単な料理ならできる。まずは「そのものの味」を見たいと思い、シンプルに塩コショウをしてフライパンで焼いた（図版4－1）。一枚の胸肉を一口大に……と思ったが、大きい塊を食べる勇気がなく「おちょぼ口大」のサイズになるよう六分割した。油を引いたフライパンを温め、カラス肉を投入。ジューといういい音。次は、どこまで焼くかだ。肉を味わうならミディアムだ。しかしここでも若干、怖気づく。カラス肉のミディアムはちょっと……その結果、ウェルダンに。見た目は「脂身のない赤身ステーキ」だ。輸入牛肉のモモ肉焼きといったところか。

周囲には後輩たちがいて好奇の目で見守っている。ここは率先して箸をとり、「好奇の目」が「尊敬の眼差し」に変わるのを味わいたい――。だがいざとなると箸を持つ手は止まった。ほんとに食べて大丈夫か……ドキドキだ。だが、エイヤと口に運んだ。

図版4–1　シンプル・イズ・ベスト！　カラスの塩焼き

モグモグ。んっ？　かっ、硬い。これは硬い。経験したことのない硬さだ。「硬いグミ」より遥かに硬い。硬さに驚くと同時に、口内・鼻腔内に衝撃が走る。臭い、すごく臭い。独特の臭さだ。レバーのように鉄分も強く感じるが、その上に臭さが覆いかぶさってくる。うっぷ……おええっ……噛むほどに吐き気が強まってくる。これはヤバい。呑み下してしまおうと思ったが、そのためには噛み砕かねばならない。進むも退くも地獄の罰ゲーム。

いったい何をやっているんだと自らに問いながら涙を流す。

ここで断っておきたい。カラス肉は臭くて食べられないというわけではないのだ。あとでわかったが、この臭いに反応するのはカラスを世話した経験のある人間だけだった。この臭いはカラス小屋の臭いだ。小屋には独特の臭さがある。特に夏、糞の掃除では強烈な臭さを感じる。二日酔いなら油断すると吐いてしまう。つまり、カラスを世話した経験があると、臭いがリンクしてしまうのだ。

花束に顔を近づけて素敵な香りが鼻に入ると、子供の頃、春うららかな日の学校帰りに道草したことを思い出すし、朝、目覚めて妻が作る味噌汁の匂いが鼻に入ると、母親の作った朝ごはんを思い出す。あれと同じだ。カラス肉を噛んだ瞬間、鼻腔に独特の臭いが充満すると、夏の日のあのすえた臭いがフラッシュバックし、吐き気が襲うのだ。試しに、カラスを世話した経験のない学生にも食べてもらうと、硬いという感想は同じだが、臭いは問題なかった！　うまい、うまい、と言って食べる者もいたぐらいだ。

「うまい、うまい！」クロウシチュー

食材として普及させるには壁になる臭いだったが、ジビエというのは本来こういうもの

だろう。動物種ごと、季節ごと、さらには個体ごとの独特の風味を楽しむフランスなどの食文化だ。だがジビエ文化に反するとしても、私としてはまずこの臭いをどうにかしたい。

きっと塩焼きはシンプルすぎたのだ。今度はとびきり手をかけた本格的なものにしてみよう。まず臭みをとるため牛乳に漬け込んだ。一日おくと、筋肉中に残った血液が流れ出るためか牛乳が茶色くなるので毎日取り替えた。三日間漬けてから調理開始だ。モツなどでよくやるように、まずは煮こぼす（茹でてざるに揚げる）。念を入れて三回繰り返した。その後、カラス肉とニンジン、タマネギ、セロリ、ニンニクなどを、油を引いたフライパンで炒める。厚手の鍋に移し、赤ワインとトマト缶で煮込む。ここでブーケガルニを入れるのがポイントだ。ブーケガルニはローリエやタイム、パセリなどのハーブを束ねたもの。洋食で煮込み料理の臭みとりといったらこれだ。そしてじっくり数時間煮込む。ビーフシチューならぬ「クロウシチュー」の完成だ（図版4-2）。

実食した。まずはスープ。ズズッ。ん、う、うまい！　絶品だ。シチューの方は完璧な仕上がり。しっかり煮込んだことでトマトの酸味もまろやかになり、赤ワインのコクと一体になっている。ブーケガルニも手伝って味に深みのあるシチューとなった。そして、……確かにうまいが、彼方からうっすらと追いかけてくる風味がある。ブラウンシチユーの酸味、苦味などの複雑な味わいとマッチしてはいるのだが、ちょっと気になる。もしや……不安がよぎる。「いや、カラス臭なんてしてないよ！」と自分に言い聞かせておく。

さて肝心のカラス肉はどうか。口に入れると、おお、ホロホロと崩れる。だがしっかりした繊維はしつこく残る。恐る恐る口に運ぶ……うまい！　塩焼きとはまったく別物だ。これはいける！　モグモグ。モグモグ。うまい！　うまい！　……ん？　しっかり味わっていると奥から何かが追いかけてきた。うっすらだが、あれが顔を出す。カラス小屋のすえた臭い……。レバーのような鉄分の風味はブラウンシチューの味に奥行きを持たせて相性がいい。ただ、「カラス小屋」が追いかけてきた。ここまで調理過程を経てだいぶ勢いを失っているが、確かにあれは存在している。

周囲に食べさせてみたら、これも、カラスの世話をした経験がある者は同じ感想だった。しかしそうでない者

図版4–2　ブーケガルニが効いたクロウシチュー

はほぼ気づかない。彼らも独特の風味とは言うが、これは鉄分を指しているように思う。結局このクロウシチューは非常に受けが良かった。ただ、何も知らずにうまいうまいと食べている後輩がいたので、これカラスだよと告げてみると、途端にスプーンが止まってしまった。しっかり調理すれば美味しく食べられることがわかったカラス肉だが、カラスの一般的なイメージをなんとかしないかぎり多くの人に受け入れられることにはならないと実感した。——カラス小屋臭はしつこく残る、ということも。

趣味でなく学問として

「○○研究家」という肩書は珍しくないが、科学者としての研究には公的資金の獲得と研究の事後報告が課される。当初は思いつきだった私のカラス料理研究は、酒飲みとはいえ根が真面目（?）な私の性格のせいか、実際にそうした「研究」にまで高められた。学問の世界は自由なようでお堅いところもあり、カラスを食べてみますというだけではまず通らない審査を、なんとか通った結果だ。本格的スタートは助教として総研大に着任した頃のことで、私が初めてカラスを食べてから十数年が経過していた。

研究計画自体は、大学院の頃に生まれていた。当時宇大で助教授だった吉澤史昭先生の

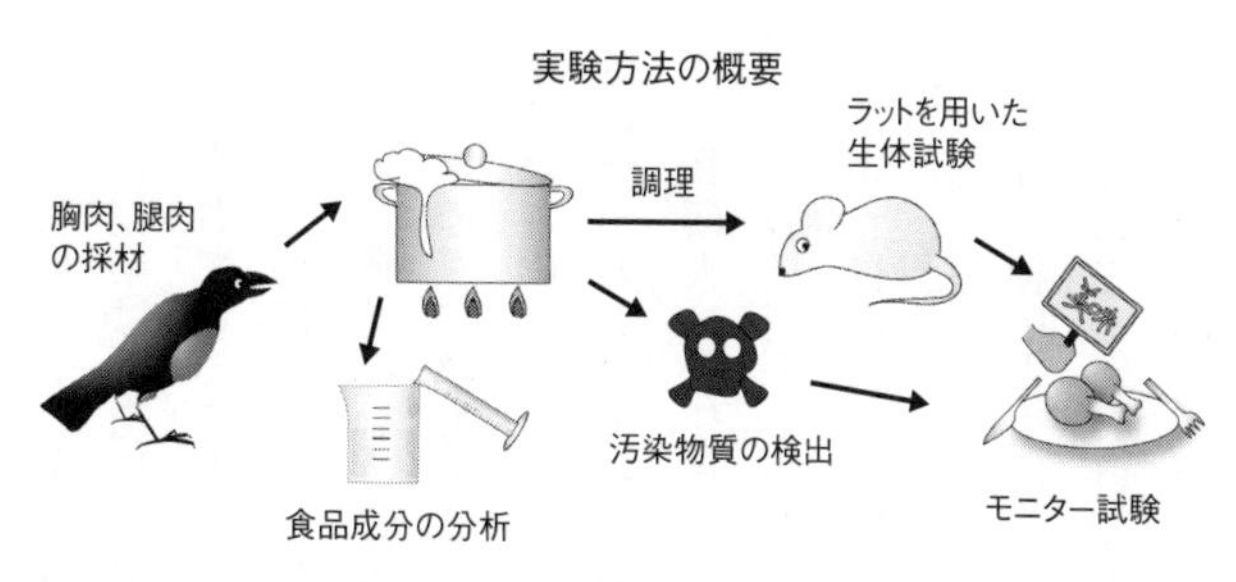

図版4–3　「栄養制御学特論」に提出した計画書のポンチ絵

「栄養制御学特論」がきっかけだ。ここで実際に科研費の申請書を作ってみた。立てる研究計画を栄養に関連するものに限定するという制約はあったが、基本的には自由だった。カラスの鳴き声を集めまくり、発声器官研究のために解剖を続ける中で私は、申請書もカラスで書いてみようと思った。すでにカラス食も体験済み。「栄養＝カラス肉の摂取」という素朴な発想のもとで計画を立てた。

要約すると、カラス肉の栄養成分と安全性を調べるという話。安全なら食味試験を行い、美味しいかどうか評価するという内容だ（図版4–3）。研究の意義としては、食べられるならカラスを食資源として利用して個体数を減らすことにつながる、ということを書いていた。食べて減らすという発想をしてしまっているあたりは未熟だ（後述）。いま読むと採択はとても難しいというクオリティだ。自分の贔屓目では、修士の学生としてはよく書けているような気もするが、実際に吉澤先生からは高評価をいただいて非常に嬉しかった覚えがある。

　この授業は本当にためになったと今でも思う。研究にはお金がかかること、お金は税金で賄われていることが実感でき、また、研究の意義や独創性を客観的な目で見つめ直して他人へ適切に伝え、アピールする姿勢を学んだからだ。自分の研究の意義、社会的な責任を念頭に置くということは、研究の日々のモチベーションにもなるし、成果を発表するプレゼンの際に熱も入る。この授業がなければ今の肩書はなかっただろう。とはいえ、私の中にはこの計画を「真面目」と思う気持ちと「クレイジー」と形容したい気持ちが同居していた。大学院生とはそういうものだ（たぶん）。この計画が日の目を見るのはその八年後、総研大に着任後二年目のことになる。

　宇大の杉田先生のもとを巣立ち、いよいよ研究者として自身のオリジナルのテーマを持てるようになった。師匠の背中は大きく、どうすれば自分の研究にオリジナリティを出せるか悩んだところで浮上したのが「食べる研究」だった。そうだ！　寝かし続けたアレをやろう。杉田先生は、というか、まともな研究者は絶対やらない研究テーマだ——。決して自棄（やけ）になったわけでも、ふざけていたわけでもないのだが、大学院の授業の時の意欲が再燃した瞬間だった。

1．応募細目における採択されなかった研究課題全体の中でのあなたのおおよその順位

あなたのおおよその順位は「C」でした。

（参考１）おおよその順位

A	応募細目における採択されなかった研究課題全体の中で、上位２０％に位置していた
B	応募細目における採択されなかった研究課題全体の中で、上位２１％～５０％に位置していた
C	応募細目における採択されなかった研究課題全体の中で、上位５０％に至らなかった

図版4–4　「おおよそ」だが明確に最低ランク

研究費は？　先述のように公的資金が必要だ。科研費を申請したのはこれが初めてとなった。研究の意義や新規性・独創性を十分アピールできた、我ながら上出来だ、と思いながら申請したら、結果は不採択。親切かつ残酷なことに科研費は「落ちた中でどのあたりにいたか」を教えてくれる。評価は「C」。みごとに最底辺だった（図版4－4）。出鼻をくじかれた。期待とのギャップもあり、楽天家の私もわりとショックを受けた。

なんのなんのと自分を鼓舞して民間の助成金にも応募するが、採択されない。学会に出てカラスを食べる研究を始めた話をすると、眉をひそめられたりもした。「真面目にクレイジーな研究をやる」姿勢になっていたが、まあ一般にはふざけたやつだ、ヤバいやつだ、と思われていたのだろう。

しかし、捨てる神あれば拾う神あり。連敗後、総研大の「グラント」に採択されたのだ。これは学内の競争的資金で、異分野間の共同研究を支援する枠だ。「異分野」って?——キーマン二人との出会いが採択へと導いてくれたのだった(図版4—5)。

一人目は国立民族学博物館教授の野林厚志氏。総研大に着任して一年が経とうとした頃、あるイベントで泊まったホテルにて、私が一人で朝食を堪能していると、「ご一緒していいですか」と気さくに声をかけてくれる人がいた。それが野林氏だ。研究者同士の「初めまして」の話題、お見合いでいうところの「ご趣味は?」に相当する常套句が、「ご専門は?」だ。引かれるかもなーと思いつつ、カラスを食べる研究をしてるんです、と思い切って言ってみた。すると引くどころか、野林氏は目を輝かせて話を聞いてくれたのだ。野林氏のテーマは、動物や植物といった生態資源を人間が利用することについての人類学的研究、であった。氏の興味関心にストンとはまったらしい。話を聞くだけでなく、野林氏は、申請書を書く、研究を進めるなどのうえでの助言もくださった。「一般的な日本人が食べている陸上動物のタンパク資源の種類は極端に少ない」という話も印象的だった。

もう一人のキーマンは、国立歴史民俗博物館教授の西谷大氏だ(今や館長である)。野林氏の紹介で知り合った。東アジアの生業史、人と自然の関係史を研究していた西谷氏か

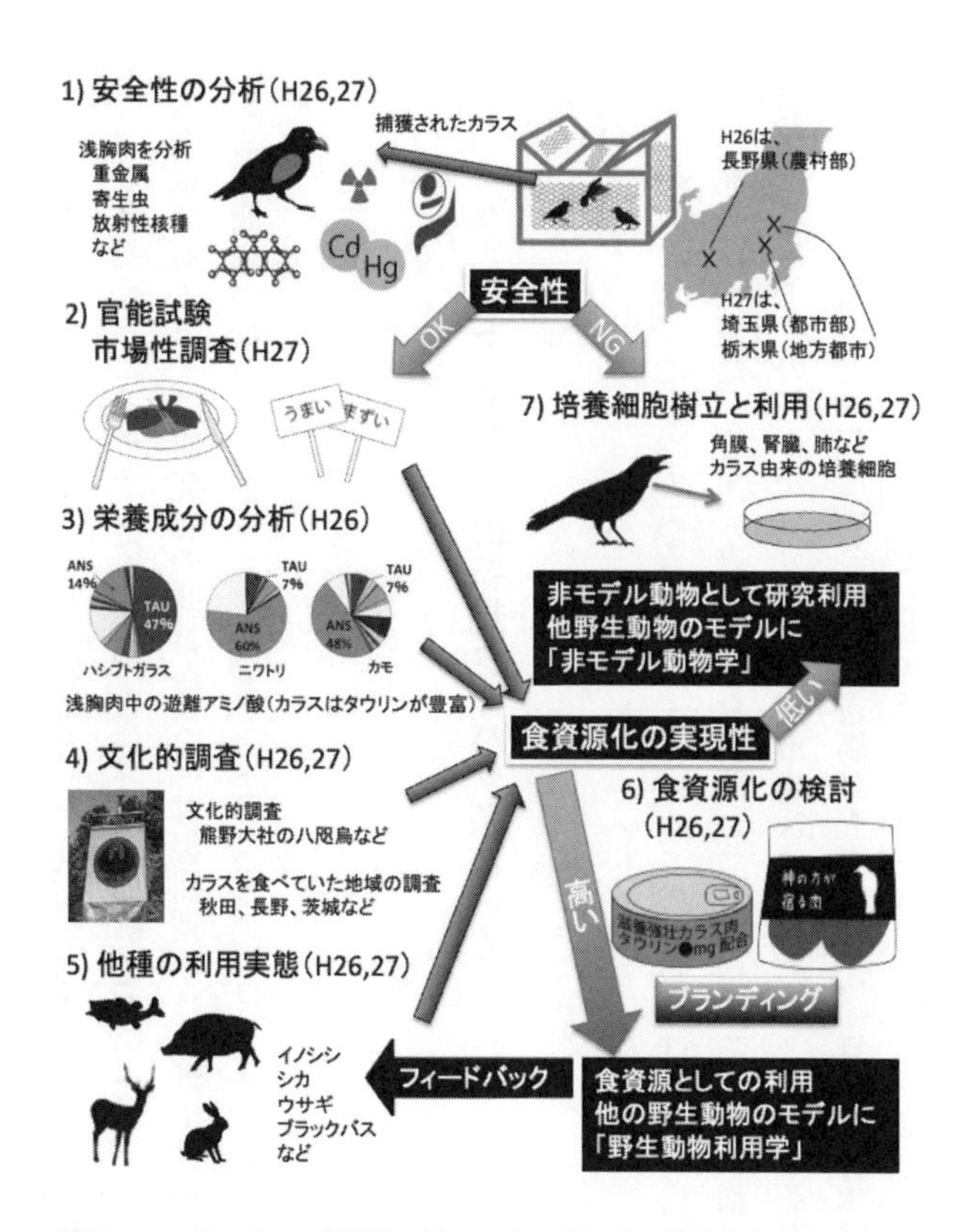

図版4–5　グラントへの申請書に添えたポンチ絵。先の院生時代のものより絵柄が多少進歩している

らは、イメージが悪いカラスを食料資源として利用することに成功すれば波及効果は大きく、カラスだからこそモデルになる、という助言をいただいた。

大先輩である二人の研究者の助言から、「有害捕獲された野生動物の利用とその過程で起こる諸問題の検討——カラスを例として」というプロジェクトがいよいよスタートした！

2 ヒトにとっての新規タンパク源として

市場はあるか

いざ研究として始まってみると、ブーケガルニの妙技を味わうみたいなことは後回しになる。趣味は我慢だ。まず、カラスを食資源として利用するために様々な角度からの調査が必要になる。その一つが「カラス肉に市場性はあるのか？」だ。そもそもカラス肉を食べたいという人がどの程度いるのか。市場調査を行った。舞台は日本獣医生命科学大学の学園祭。同大教授の小澤壮行(たけゆき)氏と当時学部生の葉山実咲氏にご協力いただいた。

ここでクレイジーな感じが出る。三十―五十代の主婦百四十二人に「カラスの肉を食べたいですか」など面食らわせる設問のアンケートに回答してもらうのだ。主婦とは、学生の親たち。一般のニーズを調べるには、財布のひもを握る人々に聞くのがよかろうと考えた。葉山氏が頑張ってくれたが、変な目で見られたことだろう。申し訳ない気がした。

さて、集計した結果、「食べてみたい」と答えた人の割合は十五パーセントだった。六、七人に一人だ。この割合、読者は、ほら見ろ、そんな人は少ないはずだ、とお思いだろうか。いやいやいや、私はそんなにいるものかとびっくりした。「ジビエ料理のお店を訪れた方に聞きました」ならともかく、学園祭に訪れた主婦である。一般の主婦の七人に一人が「カラスを食べたい」なんて！　供給体制を考えてみると、そもそもカラスの安定供給など後述するように困難で、一羽からとれる肉の量も少なく、一羽あたり百グラムがいいところ。そうした観点からも、一般人の十五パーセントという数字は相当大きいのだ。

アンケートでは、カラスを食べる上で気になることも尋ねている。街では生ゴミをよく食べているカラスについて、やはり安全性を心配する答えが多い。そして味だ。「美味しければ」食べたいとのこと。食べてみたいと答えた人にはその理由も聞いている。多かった答えは「珍しいから」だった。以上をまとめると、安全性と味をクリアできれば、珍しさから、一部には市場があると考えられた。

同じアンケートを「カラスシンポジウム」でもやってみた。杉田先生が企画した学術集会である。学術と銘打っているが研究を職業とする参加者は半分程度で、カラス対策を担当する行政マン、電力会社など〝お困り現場〟の担当者、カラス愛好家など、小学生から年配の方までカラスに関心のある人なら誰でも参加できる会だ。そこで「カラスを食べてみたい」と回答した人は五十六パーセントにのぼった。二人に一人ですよ。驚愕の数字ですよ。カラスに関心のある人はその味にも関心があるらしいとわかった。

食べても安全なのか

私たちのこうした〝食欲的好奇心〟は食材流通網への無自覚的な信頼が土台になっている。売られている畜肉を食べても腹を壊さないのは、生産から流通まで、信頼度が極限まで高められた体制が存在しているからだ。カラスは牛や豚と違う。都市部では生ゴミを漁り、山野では死んだ動物をついばむ。プラスチックだって突っつく。そんな鳥を食べちゃってもいいのか。というわけで、食資源としての安全性を見なければならない。長野県A市および神奈川県B市において、有害鳥獣として捕獲されたカラスの胸肉を使い、重金属、残留農薬、残留抗生物質、細菌、寄生虫を調べた。

重金属は、銅、亜鉛、アルミニウム、スズ、カドミウム、鉛、ヒ素、水銀を調べた。するとA市のカラス四羽中二羽から、水銀とヒ素が検出された。一キログラムあたり水銀が〇・一一ミリグラムと〇・二七ミリグラム、ヒ素は三・三六ミリグラムと二・八八ミリグラムだった。ああ、水銀やヒ素が検出されてしまった！　公害で知られるように重篤な中毒症状を引き起こしうる物質である。正直言って、初めてこの結果を見たときは食資源としての利用は無理と思った。しかし、実は通常我々が食べている食品にもこれらが含まれていることをすぐに知る。例えば水銀でいうとキンメダイやクロマグロには一キロあたり〇・七ミリグラム、ツチクジラには一・二ミリグラムが、ヒ素ではマコガレイに一キロあたり三十六ミリグラム、ミズダコには四十九ミリグラムが含まれているそうだ。これらの水棲生物の検出量を、カラスは大きく下回っている。

残留農薬は百十五項目を調べた。すると、A市のカラス四羽中二羽からＤＤＴが検出された。検出量は、〇・〇二ｐｐｍと〇・一七ｐｐｍであった（一キロあたりの量に直せば〇・〇二ミリグラムと〇・一七ミリグラムということになる）。ＤＤＴはかつて殺虫剤や農薬として使われていたが、発がん性、また生体に悪影響を及ぼす環境ホルモンとしての作用も

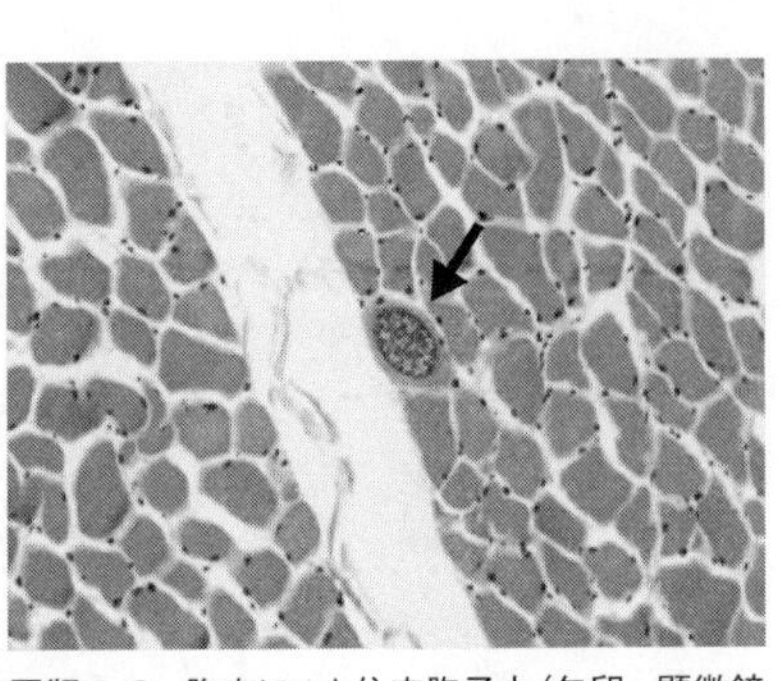

図版4−6　胸肉にいた住肉胞子虫（矢印。顕微鏡写真提供：株式会社 栄養・病理学研究所 中村進一氏）

あり、いま日本での使用は禁止されている。だが、DDTの食肉に対する基準値は五ppmで、カラスの検出量は基準値を大きく下回っていた。

残留抗生物質も調べた。これは耳慣れないかもしれないが、アレルギーを引き起こしうるため食品検査では調査が必須だ。六十七項目を調べたが、A市、B市ともに、すべての検体において検出限界値以下だった。

細菌については、A市のカラス四羽中一羽から、糞便由来の大腸菌が検出された。糞便由来の大腸菌なら、加熱処理して食べる分には健康被害はない。病原性の大腸菌、黄色ブドウ球菌、サルモネラ、カンピロバクターは検出されなかった。

最後に寄生虫について、住肉胞子虫が検出された（図版4−6）。住肉胞子虫は肉を生食すると嘔吐や下痢などを引き起こす。イノシシやシカなど野生動物からは一般的に検出される寄生虫であり、加熱して食べる分には問題ない。

検査を総括すると、B市のカラスでは検出がなかった、もしくは検出限界値以下だった。A市で水銀やヒ素、DDTが検出されたのはすべて大人のカラスであった。A市においても生後一年未満の個体からは検出されていない。より長く生きている個体の方が有害物質は溜まりやすいと考えられる。これらの物質はカラスの体内で生物濃縮が起こりやすいと言えるだろう。

有害鳥獣捕獲で使われる「箱罠」で捕まる個体はほとんどが幼鳥だ。基準はクリアしているとはいえ今回検出された有害物質をもっと減らすならば、箱罠で捕獲された幼鳥を使用すればリスクはより低いと考えられる。

以前、カラス肉を刺身で食べるという記事を見たことがある。これは「ダメ。ゼッタイ。」だ。一般に野生動物の肉の生食は非常にリスクが高いが、カラスでも住肉胞子虫は確認された。生食は数時間後に下痢や嘔吐を引き起こす。必ず火を通してから食べましょう。

栄養価は抜群

ウナギは生命力が強いから肉にもスタミナがあると考えられている。同様に、たくましくて生命力に溢(あふ)れていそうなカラスはどうだろう。有害物質に続いて、カラス肉に含まれる栄養成分を分析した。宇大農学部教授の蕪山由己人（かぶやまゆきひと）氏に協力していただき、水分、糖質、タンパク質、脂質、コレステロール、ミネラル、アミノ酸を調べた。

カラスの胸肉のタンパク質は二十パーセント、脂質が三パーセントで、典型的な高タンパク・低脂肪肉だった。牛の肩ロースはタンパク質十七パーセント、脂質が二十六パーセント、鶏の胸肉はタンパク質が二十四パーセント、脂質が二パーセントで、カラスの胸肉は鶏に近いと言える。

コレステロールの含有量は百グラム中十六ミリグラムで非常に低かった。牛の肩ロースは七十三ミリグラム、鶏の胸肉も七十三ミリグラムで、一般的な食肉と比べるとカラス肉の低さが際立った。低コレステロールな肉と言える。

ミネラルとは鉱物のこと。ここでは鉄分が特徴的だった。初めてカラスを食べた時の私の印象はこのせいだ。カラスの胸肉には百グラム中に九・二ミリグラムの鉄分が含まれていた。鶏の胸肉には〇・三ミリグラムしかない。牛のレバーは四・〇ミリグラムだ。カラスは胸肉であっても牛のレバーの二倍以上の鉄分が含まれていることがわかった。これは、筋肉中に含まれるミオグロビンというタンパク質に由来すると考えられる。ミオグロビンは鉄を含み、酸素を貯蔵する。大量の酸素を必要とするクジラなど水中を潜る動物にも多いが、空を飛ぶ鳥の筋肉中にもミオグロビンは多い。むしろ、品種改良された鶏が異常に低いと考えるのが正しいのかもしれない。

アミノ酸の中で興味深かったのがタウリンだ。これが胸肉百グラム中に二百七十ミリグラム含まれていた。ちなみに、牛は四十八ミリグラム、鶏は十四ミリグラムであり、カラスは圧倒的な量であるとわかる。栄養ドリンクのCMでおなじみのタウリンは、肝機能を活発にするほか、血液中のコレステロールや中性脂肪を減らす役割などもある。イカ・タコに豊富なのは知られているが、食肉では珍しい。

以上をまとめると、カラス肉は非常に優秀だった！　高タンパク・低脂肪・低コレステロールに加え、鉄分とタウリンが豊富。栄養価がこれほど高い肉がほかにあるだろうか？

味覚センサーで味を分析！

食べてみないとわからないカラス肉の味。私も色々書いてはみたが酒飲みなだけでバカ舌の不安もあり、うまく表現できているか全然自信がない。分析結果はわかったが、いったいどんな味なのかと読者が興味を持っていると信じて、科学の力を借りた話を続けよう。

あるとき、慶應義塾大学が開発した味覚センサーでカラス肉の味を科学的に分析すると

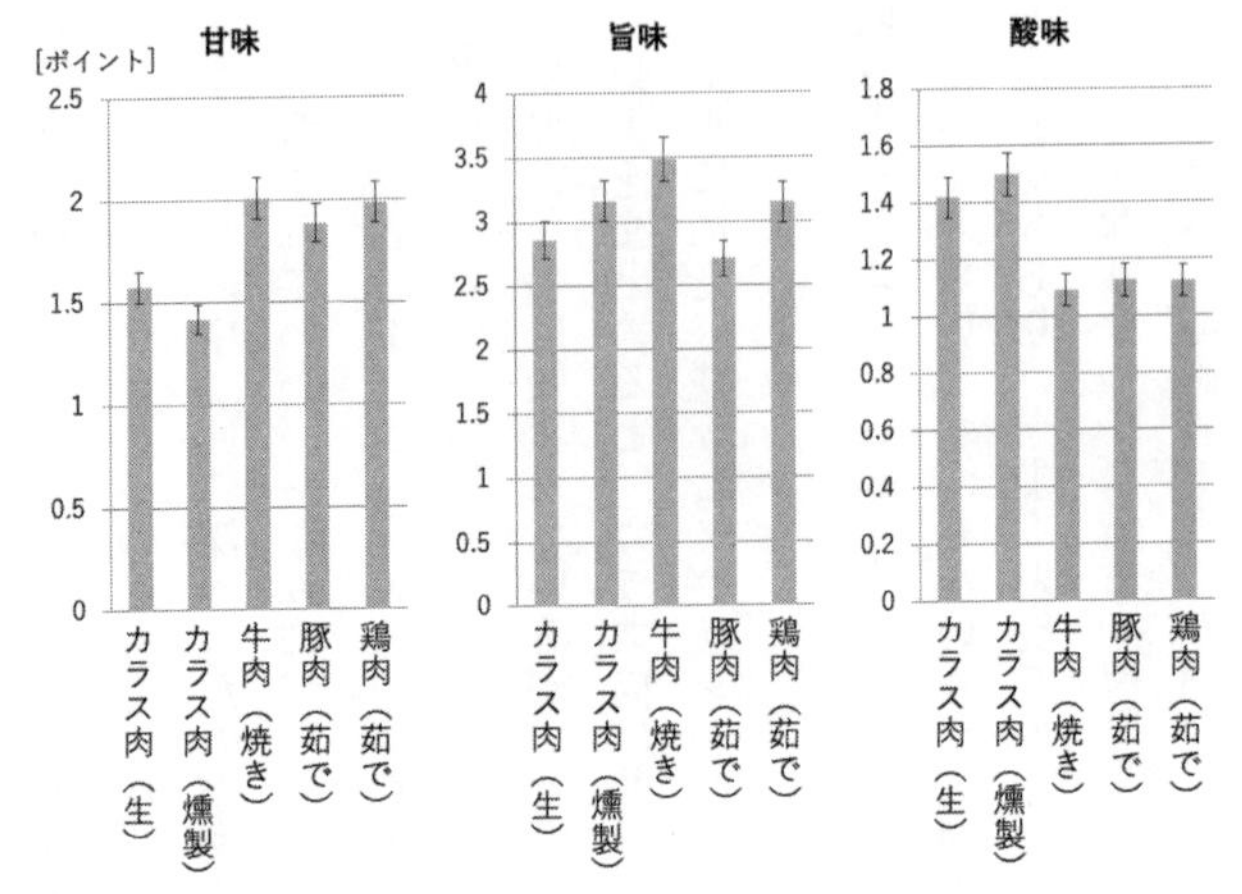

図版4–7　味覚センサー「レオ」（AISSY株式会社）による分析（サンプル数はそれぞれ3）

いうチャンスを得た。この味覚センサー「レオ」で事業を行うAISSY（アイシー）株式会社が私のクレイジーな取り組みを見つけて連絡してきてくれたのだ。「レオ」はヒトが感じる五つの基本味（甘味、塩味、苦味、酸味、旨味）の強さを総合して算出できる。人間の舌による味の感じかたを数値で再現できるのだ。これで生のカラス肉と燻製（くんせい）を分析してもらった。

すると、牛、豚、鶏と比べて、酸味が強く甘味が弱いという結果が出た（図版4－7）。燻製にすると多少酸味が出るものだが、生でも酸味が強いというのは意外だった。私は事前処理の際、衛生のためアルコールに漬けていたが、もしかしたらこれが要因かもしれない。甘味の弱さは、調理方法で補えるように思った。いずれにしてもカラス肉の味を科学的に評価できたのはラッキーだった。

匂いは処理次第だった

そもそも美味しいと感じる人がいなければ食としての利用はできない。そこで実際に、後輩ではない、普通の人たちに食べてもらい、受け入れられるかどうかを試してみた。

よっしゃ、またブーケガルニの力を借りて……と腕まくりをする気持ちだったが、そこは素人考え。法律の壁にぶち当たってしまう。私が自宅で調理したものを家族や知人と食べるのは「自家消費」といってもちろん問題ないが、不特定多数の人へ提供するには保健所の許可が下りないことが判明した。私が調理師免許を持っていないことと、素材が野生動物であることがダブルで効いたらしい。仕方ないので今回はプロの手を借りることにする。せっかくなのでプロ中のプロ、日本でも数少ないカラス料理を提供する長野のフレンチレストラン「オーベルジュ・エスポワール」オーナーシェフ藤木徳彦（のりひこ）氏の手を借りてカラス肉の燻製を作ってもらった（図版4―8）。

これをセミナーで提供し、食味などについてアンケートをとった。その結果、七十一パーセントの人が肉の臭いは気にならないと回答した。いかにジビエ料理が流行っても、臭いが苦手という人は多いはず。藤木シェフの燻製はさすがで、私もほとんど臭みを感じなかった。処理方法が高度であれば臭いは気にならないのだ。また、「総合的に考えてカラスの肉は好きですか」という質問に対し、「好き」と回答した人は四十四パーセントにのぼった。これらの結果から、一部の消費者には十分受け入れられることがわかった。

図版4−8 「オーベルジュ・エスポワール」シェフ特製、カラス肉の燻製！

フランスでも、韓国でも、日本でも食べていた

あとはイメージの問題だけだ。ゴミや死肉をついばむといっても、では不潔な肉かといえばそんなことはないというのは、これまで書いてきた通り。結局、カラスを食資源として利用する時の最大のハードルは、あの鳥を食べるというイメージの問題だろう。

知識は感覚を変えるかもしれない。ある自治体の協力を得て、有害捕獲されたカラスを食資源として利用することについて考えるセミナーを行い、セミナーの前と後にアンケートに答えてもらった。すると、「カラスの肉を食べたいですか」という質問に対して、「あまりそう思わない」または「全然そう思わない」と答えた割合は、セミナー前は五十八パーセントだったが、セミナー後では十九パーセントまで下がった！

やはり「知ること」の効果は大きい。セミナーでは、ここまで書いてきたような安全性や栄養的価値を伝えたが、心理的な抵抗感を和らげるのに最も大きな役割を果たしたのは「実際に食べられていた歴史的な事例」が紹介されたことだったようだ。中でも、フランス料理としてカラス肉が食べられていたことを知った時の反応が良かった。

カラス料理は、百年以上前の古典フレンチのレシピ本に登場する。*La Chasse Gourmande ou "l'Art d'accommoder tous les Gibiers" Encyclopédie du Chasseur*（狩猟のグルメまたは「すべてのジビエ調理法」：狩人の百科全書）という本だ。フランス料理のシェフLéon Pigot氏がフランス各地の狩猟で得られるジビエを対象に調理法を紹介している。この本を手に入れてカラスの部分を翻訳してみると、一部ではカラスを食べることがタブーとされていたようだ。やはりイメージの問題だろうか。だが著者自身はカラスを「十分に良い食材である」と記している。この本ではパイやシチューが紹介されていた。

ところ変わって韓国では、滋養強壮の漢方としてカラスは人気があったそうだ。サムゲタンのように食べられていたらしい。同じ研究室の後輩で、現在は韓国のNational Institute of Ecologyで研究員をしているEunok Lee氏に調べてもらった。実は少し前まで、韓国ではカラスがほとんど見られなかったそうだ。というのは、カラスが精力増進にいいと言われて乱獲で姿を消したとのこと。一九九一年一月十日の、韓国の毎日経済新聞にそのことが書かれていたという。ただ、乱獲といっても姿を消すまでには相当な数を捕獲しなければならないため、真実かどうかは疑わしい。朝鮮戦争後の大規模な森林伐採などにより環境が変化したために、生息地を別の場所へ移したと考えた方が納得できる。ちなみに今では韓国南東部の蔚山(ウルサン)に、ミヤマガラスが大群で飛来するらしい。先述の佐賀だけでなく蔚山にも越冬に来ているようだ。もともといたはずの留鳥のカラスたちが本当に食べられて姿を消したのか、近々調べてみるつもりだ。

さて、では日本ではどうだったのか？　実は日本も例外ではなかった。かつて長野や秋田で「ろうそく焼き」として食べられていた例がある。ろうそく焼きは、別名「カラス田楽」。カラスの肉をミンチにし、豚肉や味噌、ネギやショウガ、ニンニクなどの薬味と一緒に叩き、つくねのように割り箸などに巻きつけて焼く。この見た目がロウソクに似ていることからろうそく焼きと呼ばれたそうだ。臭いがどうだったかはわからないが、昔からカラスを小屋で飼っていたとも思えないから、例のフラッシュバック問題はまず起きなかったのかもしれない。

現代でも、長野にある前述の「オーベルジュ・エスポワール」でカラス料理を食べることができる。私は、あるイベントで藤木シェフが監修したカラス料理を食べることができた。料理は、「カラス胸肉のポワレとモモ肉のパイ包み」、そして「カラスのセルベルのオーブン焼き」だ（図版4－9）。度肝を抜かれたのがセルベルだ。セルベルとは脳味噌のこと。さすがの私もおそるおそる挑戦した。フォークの先でちょこっと取り、口に運ぶと……クリーミーでとろけて美味しい！　魚の白子をブルーチーズのような固さにしてレバーを混ぜたような味、と言ってわかるだろうか。かえってわからなくなったら申し訳ないが、いずれにせよ非常に優秀なおつまみであった。

図版4–9　カラスの「セルベル」、オーブン焼き！

3 レシピ開発は終わらない！

食べたことのある人の感想は

私の名刺には肩書が三つある。「CrowLab代表取締役」「宇都宮大学特任助教」、そして「カラス料理研究家」である。名刺交換すると、たいていの人は三つ目の肩書に目を丸くする。そしてお決まりの質問が「カラスって美味しいんですか？」だ。ここまで述べてきたように、たいして処理せずシンプルに調理するとクセが強いが、適切な処理をし、しっかり味付けしたものは美味しく食べられる。だが、それも人によって違うだろう。美味しいのかと聞かれると私は「鉄分が多くてレバーっぽいです」「クセがあるので好みが分かれますね」と、スッキリしない返事をしている。実際に好みは分かれるもので、ビールに最高によく合う、と言う人もいた。

健啖で高名な小泉武夫氏の著書に『不味い！』というすごいタイトルの本がある。その一節に、「カラスの肉は臭くて、そして不味かった」とあった。小泉氏が食べたのは「ろうそく焼き」だ。ひと噛みではうまかったが、ニンニクを打ち消すほどの「陰湿な臭み」が鼻を突き、どうしても呑み下せなかったとのこと。陰湿な臭みという表現が的を射ている。この臭いを「線香の匂い」とも表現していた。

小泉氏が食べたのはハシボソガラスに違いない。私は、自慢だが、ハシブトガラスの肉とハシボソガラスの肉を匂いで判別できる。ハシブトガラスは酸化した油のような、大人の男性の頭部が発する臭いに似ている。一方、ハシボソガラスは埃臭い。「線香臭い」に近い。私はどちらも食べて、その匂いの違いからか、ハシブトガラスの方が美味しいと思った。満員電車で鼻先に来た男性の後頭部にかじりつきたい、と思ってしまうわけでは決してないからご安心を。小泉氏も、ことによるとハシブトガラスはお気に召すかもしれない。

岡本健太郎氏の『山賊ダイアリー　リアル猟師奮闘記』にもカラス料理が登場する。作者自身が駆除したカラスをシチューにしている。感想は「独特の風味」とのこと。ただ、様々な動物の肉を食べている岡本氏からすれば「気にならないレベル」だそうだ。カラス・ソリューショニストも〝山賊〟には敵わない。

「レシピ開発会」でカラスを食べまくる

初めてカラスを食べてから十年。私はあきらめることなく、人を募って「カラスレシピ開発会」を作った。目的は明白。「カラス肉の味を知り、美味しく食べる方法を考える」だ。

最初に、カラスそのものの味を知ってもらうため、塩茹でしたものを参加者に食べてもらった。自分が初めて食べたのは「茹で」でなく「焼き」だった。やっぱり「焼き」にしておけばよかったと思うほど、反応は芳しくなかった。参加者は、口に入れた瞬間に顔を曇らせた。すぐ口から出してしまう人を見て、そんなにまずくないだろう、と憤った私が口に入れてみたが、ひと噛みして吐き気に襲われた。私は思った——もしかして、作った私ならこれ食えると思われてます？　いやいやこんなもの食えるわけないじゃないですか。そして本当にごめんなさい。

思い当たる節があった。処理の際、殺菌のためにウイスキーを使っていた。ウイスキーのスモーキーな風味が口の中でカラス肉独特の臭みと絡み合い、強烈な逆マリアージュ！　舌も逃げ出す不味さ！　参加者全員が「カラスの食利用は無理ですね」と思ったかもしれない。いや、というか、こりゃだめだという声がはっきり聞こえた。

しかし、カラス肉はたっぷり用意したのである。せっかくだから色々試してみようよ。明らかに乗り気でない皆を尻目に「カレーにすればなんでも大丈夫！」と信じる私は、例によって腕によりをかけて料理を始める。肉にガラムマサラなどのスパイスで下味をつけ、市販のルーで煮込む。んっ！　普通に食べられる！　カレーってすごい！　というか、市販のルーはすごい！　意気阻喪していたはずの参加者からも「うまい」の声。ほらね。しかし肉が硬い。噛み切れない。ガムのように残る。そして例の臭みが追いかけてきた。噛むたびに臭みが出てくるガム、と言うとひどいが、それほどまずくはなかったですよ。

次は餃子だ。ミンチにし、ニンニク、ショウガを強めに効かせる。強め、というか、三倍は入れて最強に効かせる（怖いのだ）。ニラもたっぷり。皮で包んできれいに焼き上げ

図版4–10　上から、カラスカレー、カラス餃子、カラス赤ワイン煮、カラスジャーキー

る。これは普通に美味しかった。さすがに大量の香味野菜のせいかカラスの風味は感じない。参加者の箸も進む。これは反則でしょという声も聞こえる。まあ、反則かもしれない。参加者でジビエが苦手な学生は「餃子はすごく美味しいです」とのこと。正直だ。

赤ワイン煮にもしてみた。しっかり五時間煮込んだ。味は、かなりイケた。カラス肉の風味と赤ワインの複雑さ、これが味に深みを持たせている。ちなみにハチミツを多めに入れた。これが効果を発揮した。（味覚センサー「レオ」はこのとき未体験だったが、分析が経験を裏づけたことになる。）参加者の評価も高かった。ただ、この赤ワイン煮、牛肉や豚肉のものと比べると厳しい点がある。いくら煮込んでも肉がホロホロにならないのだ。ほぐれはするが、ホロホロというよりはボロボロしていて、繊維自体はかなり硬い。

そしてジャーキーだ。これは事前に仕込んだ。三日前、赤ワイン・醤油をベースとした調味液に一晩漬け込み、その後、脱水シートで一日水気を抜く。そして燻製器に入れる。チップはサクラだ。燻製後、一晩冷蔵庫で落ち着かせた。これはなかなか高評価だった。

この会を総括すると、「恐怖の塩茹で」以外はどれも高評価だった。というか、最初の「塩茹で」で期待値がマイナスへと底深く落ち込んだため、その反動という面はあるだろう。ともあれ参加者からは「意外といけるね」、「全然大丈夫じゃん」との感想が聞かれた。

反動分を差し引いても、それなりの料理にはなっていたと思う。

　最初のレシピ開発会で明らかになったのは、甘味の追加と、硬さの克服が必要であるということだ。赤ワイン煮やジャーキーの高評価は、甘味の追加ゆえだ。カラス肉に足りない甘味を追加することが味のバランスをよくするらしいことは、後日、味覚センサー「レオ」の分析結果からも明らかになった。

　初めて私が食べた時の最初の感想「硬い」は、誰もが持ったようだ。硬い肉が悪いわけではないが食感がどうしても劣る。成功した餃子のようにミンチにしてしまうのも手だろう。「硬くてもいいじゃないか」という発想をするなら、それがジャーキーの高評価を生んだのかもしれない。そもそもジャーキーは硬い食べ物だという認識がある。ビーフジャーキーや鮭トバなどは水分をしっかり抜いているから硬いのだが、カラス肉はもともと硬い。どうせ硬いなら、硬いままで味わうという発想をすればいい。

　この会のあともレシピに改良を重ねた。総研大の事務職員各位には、様々に味付けしたジャーキーを食べてもらった。日本獣医生命科学大学の小澤研究室のメンバーとは、カラス肉の麻婆豆腐が絶品であることも発見した。クラウドファンディングacademistの支援者を招いたレシピ開発会も実施した。その時の様子はacademist代表・柴藤亮介氏が記事にしているので、ぜひご覧いただきたい（「カラスの美味しい食べ方は？——全十一種のカラス食を大公開！」https://academist-cf.com/journal/?p=902）。

日本テレビ系の『変ラボ』という特番でジャニーズの「NEWS」の加藤シゲアキ氏と共演したとき、右の柴藤氏の記事にも出ているカラスの丸焼き、ローストクロウを加藤氏に丸かじりしてもらった。野生的に食べる姿が印象的だった。撮影の合間にボソッと、このあと友達と焼き鳥なんすよ、と聞いた。カラスの反動で美味しかっただろうか。

レシピ開発は自宅でも続けた。意外にも妻が協力的である。こんな男と結婚するぐらいだから、まあ変わり者と言っていいだろう。料理が好きで、私とは違う種類の凝った料理を作る。宇都宮には、私が日本一美味しいイタリアンと思っているBARACCAという店がある。雰囲気も良く、ここ一番というデートで使いたいような店だ。妻は学生の頃からパスタの好みがうるさかったらしく、自分が納得するパスタを出すお店で働こうと食べ歩いて、BARACCAで「出会った！」と思ったらその場でスカウトされ、バイトしていたという。そんな幸運ってあるのか……。話が逸れたが、要するに妻はこだわるタイプで、手の込んだ料理を得意とする。そんな妻が開発したカラスのミートパイは絶品なのだった（図版4–11）。もちろん甘味は十分補ってある。

課題の「硬さ」の改善策も見つかった。塩麴に漬けると柔らかくなるのだ。味も良くなる気がする。旨味が増すのだろうか。もう一つ重要な改善点は、処理の際のアルコールだ。レシピ開発会では殺菌のためにウイスキーを使ったが、度数からして殺菌力は弱いうえに風味も悪くなる。だが酒飲みの発想として、飲めるアルコールを使いたい。そこで、度数九十六パーセントのウォッカ「スピリタス」をミネラルウォーターで七十パーセント程度まで薄めて使ってみた。これら塩麴とウォッカの処理によって風味がかなり改善され、ただ焼いただけでもかなり美味しく食べられるようになった！

図版4–11　不思議なカラスパイ

レシピ本の出版、果たして本は売れたか？

カラスを美味しく食べるためのノウハウが溜まってきた。これはもしかして、日本初のカラスレシピ本を出すチャンスなのか……！　欲が出たところに、妻のBARACCAエピソード並みの、タイミングの良い出会いが訪れた。

academistのイベントでGH株式会社社長・竹澤慎一郎氏から声がかかったのだ。竹澤氏から、カラスの生態に関する本を出版しませんか?とオファーが来たのだ。昔も今もカラスのことを書いた本というのはわりとあって、その当時もカラスの生態に関する本では、恩師の杉田先生のもの、松原始(はじめ)氏のものなど色々あった。松原氏の『カラスの教科書』はカラスの生態をわかりやすく紹介しているだけでなく、カラス愛が溢れ出ているベストセラーだ。当時は、私がカラスの生態を書いても巨匠たちの作品群に埋もれてしまうと思い、生態本でなくレシピ本という逆提案を思いつき、とびきりのネタがありますよ、と提案したのだった。「フランスには百年以上前からあるのに日本では……」と言い添える。

さて、竹澤氏が社に戻ると、企画は大反対されたそうだ。そんな本誰が買うんですか、と。私は、手に入らない(あるいは、ものすごく入りにくい)肉のレシピ本を大真面目に出版するってことが面白いんじゃないですか、と言ったりして、竹澤氏は尽力の上、どうにか社内を説得されたそう。こうしてめでたく出版となったのが『本当に美味しいカラス料理の本』だ(図版4−12)。

それぞれの料理はプロのカメラマンに撮ってもらった。私がカメラで撮るのとどうしてこんなに違うのか。当然すべて美味しそうだ。この本でこだわったのは、それぞれの料理のお酒との相性を伝えることだ。酒がカラス肉の良さを引き出してくれることを示したくて、焼鳥にはビール、ローストクロウには赤ワインなどと紹介し、すべての料理にお酒を添えて撮ってもらった。そしてこのレシピ本、キッチンで料理しながら開けるよう、竹澤氏のアイディアで、多少濡れても大丈夫な紙にしてもらった（値段に多少反映してしまった）。

　こんな変な本を出すやつはネタになるとばかり、日本テレビ系の特番『マッドライターズ』から声がかかった。「奇書をテーマにその著者である〝マッドライター〟と、出版へと導いた編集者を招きその本の魅力や出版の裏側を紐解いていくトーク番組」だそうで、このとき竹澤氏は別のベンチャー企業に移っていたため、スタジオでは新社長・衛藤史貴氏が私の隣に座り、番組MCの吹越満氏、カズレーザー氏から「なんでこんな本出しちゃったんですか」と問い詰められることになった。私は苦笑いで切り抜けていたのだが……。

図版4–12『本当に美味しいカラス料理の本』（SPP出版）

　突如、スタジオに布をかぶせられたリヤカーが登場。「あれ、台本にあったかな」と思う間もなく布が取られると……そこには私のレシピ本が山積みに。「全然売れてないですよ、どうするんですか！」と突っ込まれ、ようやく私への「ドッキリ」だったと気づく。リアクションを求められていたはずだが、私は素人丸出し。山積みの自著を見て青ざめてしまい、何らリアクションができずじまい……いろんな意味で情けない！　というわけで、このレシピ本に興味を持った方、ちょっと書店とウェブを覗いてみてください。

当初、担当者と私の間でこのレシピ本は、「手に入らない肉のレシピ本なんて誰が買うんだというツッコミ待ちのネタ本」という性格が強く、そういう本が好きな人が買うのかもしれないと思っていたが、それにしては大真面目で作ったせいか、実際にカラス肉が手に入ってしまうハンターも購入している。レシピ本として真っ当な使われ方で嬉しい。

4　食べる研究の先にあるもの

イメージを変える仕掛け

この章の冒頭で、カラスを食べる研究をする理由を書いた。まず、野生動物は美味しそうだったから。次に、命を無駄にするのがもったいないから。そして最後に、何をきっかけにヒトは新しい肉を食べるようになるのか知りたいからだ。

最後の理由が、やはり深みがある気がする。新規タンパク源はどんな仕掛けをすれば受け入れられるのか。それがわかれば有益だという見通しはある。不気味さ、不衛生さなど、野生動物の中でも特にイメージが良くないカラスは食資源としての利用が最も困難な動物であり、そんなカラスでこれを実現できたらモデルとして最適なのだ。

食資源として認識されていないカラスのイメージを変える仕掛けとは何か？　さらなる安全性の試験、まだ見ぬ栄養的価値、過去の利用例などの調査に基づいて普及活動を行い、受容されるかどうかの社会実験を繰り返す、もし受容されたら、受容過程で鍵となった事象を突き止める。そして、ほかの有害動物の有効利用にも役立つような知見を提供することを目指すのだ。

真面目なことを書いたが、これは実は科研費に応募した内容だ。「基盤研究（B）」という、私としては予算規模の大きな枠に応募した。残念ながら落ちたのだが、評価は「不採択者の中で上位二十パーセント以内」。つまりもうちょっとだったのだ。最初に科研費に応募したときは最下位、全然届いていなかったことを考えれば大違い。ここに至るまでは多岐にわたるプロジェクトメンバーの貢献と総研大の研究支援、事務職員の方々が繰り返してくれた味見とコメントなど、カラスを食べることに興味を持ってくれた人々からの多くの協力があった。カラスを食べるプロジェクト、そのうち再開するつもりだ。

ビジネスにするためのハードル

さて、カラス食の普及のためにはビジネス化することが強力な促進要因になる。しかし、カラス食が商売になるまでにはいくつかハードルがある。

まず、獣医などの専門家、行政担当者の協力を得て「ガイドライン」を作る必要がある。いま自治体がホームページなどで掲出しているが、衛生的な処理の方法を確立し、それをまとめた文書がなければならない。病気の個体を除外する基準も必要だ。安全性についてももう少し検討が必要だろう。

それから、これもジビエ料理を出す店への指導として今も見られるが、カラスを食肉に加工する施設も必要である。ジビエを市場に流通させるにあたっては保健所の許可を得た食肉加工場での処理が必須だ。イノシシやシカの施設を利用する手もあるが、勝手が違うため今は難しい。やりたいと手を上げてくれる加工場経営者がいれば可能性はある。

商売なのだから最大の懸念点は、利益が出るかどうかだ。カラスの可食部はほぼ胸肉のみで、大きい個体でも一羽からせいぜい百グラムとれるぐらいだ。解体の手間はニワトリと変わらないため、グラムあたりの労力は決して小さくない。捕獲するならかなりコストがかかる。捕獲するための箱罠には囮（おとり）のカラスも必要で、餌や水、掃除等、檻の管理のための人件費を要する。さらに捕獲の檻の中でカラスを捕まえ、止め刺しする。その技術は一朝一夕には得られない。利益を出すためには百グラム五千円ぐらいにしないと難しいのではと思う。高級ブランド牛よりもはるかに高い！

しかし、単に肉を売るのではなく、国内外問わず富裕層に対し、とにかくレアな肉（生という意味ではない。いくらなんでもそれは厳しい）だとか、栄養価からすれば「とんでもなく元気になれる」肉だとかいうことを掲げるという売り方はどうだろうか。CrowLabのスピンアウト事業として可能性があるので、エンジェル投資家になってくれそうな方がいたらご紹介いただきたい。

ジビエと対策を切り離せ

先に、韓国ではカラスが滋養強壮の漢方として人気が高く、乱獲されて減ったという噂を紹介した。この章の最後に「食べれば減るのか」について検討しておきたい。日本でも何かのきっかけでものすごいカラス肉ブームが起き、大きな需要が生まれたとしよう。そうなったとしても――私見だが、数を減らすほど捕まえることは、次の理由で困難だ。

まず、箱罠で大量に捕獲するのは非常に難しいということがある。先述のように箱罠で捕まるのはどんくさく、生きる力の弱い個体ばかりだ。放っておいても死んでしまっていた可能性が高い。つまり、弱い個体を前もって殺しているにすぎないから、需要に応えるべく箱罠でめいっぱい捕獲したとしても、全体の数はほぼ変わらないと思われるのだ。

次に、最も単純な発想で、鳥を撃つハンティングはどうだろうか？　うまいハンターだと一人で一日に数百羽を仕留めるらしい。多くのハンターがそのコツをつかんだとすれば、捕獲よりも多くの個体を減らせるかもしれない。だが、それも限度がある。銃器を使える場所は限られるからだ。街中では撃てない。シンガポールとはわけが違うのだ。山野や郊外で、ある程度の数が撃たれた場合、おそらくカラスは危険を悟って街中に集まるだろう。そうなると街で増えてしまう。

捕まえたとしても、結局は繁殖力に負けてしまうのだ。食べるにせよ、単に駆除するにせよ、個体数を減らすほどの数を捕まえることは現実的でない。次章で論じよう。

以上、つまり、たとえニーズが増えたとしても、個体数削減には貢献しないと考えられるのだ。ジビエとしての利活用が進んでも、それはカラス被害の対策には結びつかない。ジビエとして、また私のレシピ本によってカラス食の文化が広がることは、私も嬉しい。しかし、ジビエすなわちカラス食とカラス対策は切り離して考えなければならないと、個人的に強く思う。

第五章　カラスを減らす

1　対策を科学する

へのへのもへじでないカカシ

畑や田んぼにカカシが立てられているところを想像してみてほしい。あれはもともと、農作物を食べに来る鳥獣を怖がらせるために作られたものである。

英語でカカシをscarecrowという。scareは恐怖を抱かせるという意味だから、scarecrowは「カラスを怖がらせる（もの）」だ。畑に人がいるように見せればカラスは来なくなるという発想が語源だろう。

だが、「カカシ〜？　あの、顔にへのへのもへじが書いてあるやつ？　怖がらないでしょ〜」と思われるのではないか。でも、なかなかどうして、意外と効果があるのだ。顔がへのへのもへじでも、だ。

ネットで「カラス対策」と入れて調べるといろんな製品が出てくる。へのへのもへじのカカシのほかにも、例えば「黄・赤・黒の同心円が描かれた風船」とか、いなかに行くと聞こえる爆音機——たまに「ドーン」と音が鳴るあれ——とかである。これらを指して

「ああいうのは効果あるんですか」と、講演で聞かれたりする。これに私が「効果ありますす」と答えると、相手は訝しげな目で見るのだ。はい、聞こえます心の声が――「そんなの、すぐ慣れちゃうよ」。そう、すぐ慣れます。でも、とりあえず、しばらくは来なくなるでしょう?

「しばらく」をなめてはいけない。どんな製品でも、設置してしばらくは効果があるのだ。対策品を設置すると、カラスはこう反応する――「えっ、なにこれ、なんかある。昨日までなかったのに。何かわからないけど近づかないでおこう」。カラスにも個体差はあるから鈍感なやつはほいほい近づいてくるかもしれないが、普通は警戒するのだ。

このように、カラスの生理・生態としては無意味だが、カラスが一時的に警戒して来なくなる効果を、私は「カカシ効果」と呼ぶ。カカシはいちおう人に似せてあるわけだが――そしてここがポイントだが――カラスはカカシを人間だと思って警戒するのではない。たまに、ものすごくリアルなカカシを見てぎょっとすることがあるが、ぎょっとするのは人間の方であって、カラスはそのリアルさを怖がるわけではない。カカシ効果とは、「なにこれ、なんかある」「近づかないでおこう」という反応を引き出す力のこと。カラスは単に、新しいものに用心する。この点で、誤解を避けて英語でカカシを表現するなら、「警告する」とか「警戒させる」という語をつけてwarncrowとかalarmcrowになるだろう。

さて、カカシ効果を使えば、カラスに困っている人は今すぐカラス対策ができる。例えば、使い古された方法だが、ＣＤだけでも効果がある。いや、音を再生するのではないから何か激しい音楽である必要はない。といって、盤面がビビッドな着色であったりする必要もない。裏面に意味があるのだ。ぶら下げたＣＤが風に揺れ、キラキラと光を反射する様子は想像できるだろう。視覚の優れたカラスにとっては存在感十分だ。忌避しているわけではないが、用心し、一時的に近づかなくなるだろう。

飾りつけでよく見る、キラキラ光るモールも効果がある。車にカラスがイタズラ（というか攻撃）して困っていた人が、モールをボンネットに置いたら来なくなったという。周囲の車にはモールがなかったことがポイントだろう。国道沿いの中古車店で片っ端から車にモールをかけているのを見たことがあるが、そもそもカラス除けでもないし、カラスも忌避はしないだろう。たぶん、モールの色とボディの色は違っていた方がいいけれど。

カカシ効果なのだから、別にキラキラ光っていなくてもいい。カラスが来る場所に風船をくくり付けるだけでもカカシ効果は発揮される。ゆらゆら揺れるし、色のバリエーションもあるので、色を変えるとまた効果がある。もちろん、空気でなくヘリウムが入っていた方がいいけれど。

さらに言えば、こうした「視覚刺激」でなくてもいい。ラジカセから適当に音を流すだけでも効果は期待できる。1／fのゆらぎで聞き心地のよいモーツァルトでもきっと効果はあるだろうが、爆音機のように、耳障りな音を出すカラス追い払いグッズはたくさんある。そこには、それが「効く理由」が色々と書かれているが、科学的検証のなされていないものが多い。動画で効果を示しているものもあるが、結局はカカシ効果であり、長期的な持続は期待できないだろう。

要するに、カラスに提示する刺激はなんでもいい。カラスに「いつもと違うぞ」と違和感を覚えさせ、用心させればいいのだ。効果はあくまで一時的だけれど。

カカシ効果を超える効果

中にはカカシ効果を超える効果を示す対策がある。では、その差は何か？

差を生み出しているのは、カラスの生理・生態に起因しているか／いないかの違いである。カカシ効果を超える対策を打つためには、第二章で述べたようなカラスの生理・生態を正しく理解し、カラスになりきってみることが必要だ。この視点から、市販の対策製品を見てみよう。

まず、先述の「黄・赤・黒の同心円が描かれた風船」。これは、タカなど猛禽の目を模しているそうだ。猛禽は確かにカラスの天敵だ。ならば、カラスはこれを怖がるか？　おそらく怖がらないだろう。そもそもこれを見て「タカの目だ！　逃げろ！」というカラスはいない。といって、本物のタカの目玉が置いてあったら、これはただの餌だ。カラスは目玉が好物で、動物の死体では真っ先に目玉をついばむ。畑にあったら大喜びで食べに来るはず。カラスが近づかなくなったとしたら、なんかよくわからないものがあるから用心しておこう、というだけである。これはカカシ効果だ。

目玉でだめなら、猛禽を模した置物はどうか？　――これも本物のタカやフクロウとは思わないだろう。やはり「何かあるな」と思わせるカカシ効果どまりだ。

どうすればカラスに、本物の猛禽がいると思わせられるか。前に紹介したカラス剝製ロボットの実験から言えば、「見た目のリアルさ＋動き」が必要と推測できる。といって「動く猛禽剝製ロボ」ができたところで長期にわたる追い払いが可能かというと、それも微妙なところだ。なぜなら、本物のタカがいてもカラスは逃げないことがあるからだ
東京の明治神宮はカラスのねぐらとなっているが、オオタカの巣もある。少なくとも明

治神宮のカラスたちは、オオタカが常時いても気にしていない。オオタカとカラスが一対一で対決すればオオタカの方が強いだろうが、特にこのような環境ではカラスの「モビング」によって一対多になり、カラスが勝つことになる。

ある鷹匠（たかじょう）によれば、カラスの群れを追い払うために放たれた猛禽が、モビングによって返り討ちにされてしまうことがあった。本物の猛禽を現場につないでみたところで、ねぐらのような場所での効果はあまり期待できないかもしれない。

爆音機はどうか。市街地から離れた田畑で、プロパンガスを爆発させて「ドーン」とか「パーン」という音を出すもので、知らない人はびっくりするはずだ。私も初めて耳にした時は、なにか爆発したか？と驚いた。そう、カラスだって初めは驚く。だがすぐに慣れる。「ああ、あれね」と。音は、いくら大きくても、予測できれば驚かない。花火など典型だ。いきなり花火が鳴ったら腰を抜かす人にとっても、花火大会の最中なら、爆音はプロポーズに花を添えるロマンチックな演出だ（これは個人的体験だ）。予測や経験は慣れを引き起こす。爆音機の場合、初めは、ただ大きな音でびっくりさせ、次第に、とりあえず近づかせないというカカシ効果を発揮する。爆音機の場合、遠くでも聞こえることから、慣れが生じやすい印象がある。それだけ有効期間も短いだろう。

銃声はどうか？　これもただ音を鳴らすだけでは爆音機と同様であるが、実際に駆除で銃を撃たれた経験との組み合わせで強い効果を発揮する。もし、銃声とともに目の前で仲間が撃ち落とされ、慌てて逃げた経験のあるカラスなら、銃声は最大の脅威になる。スピーカーから銃声が再生されたとしたら、大慌てで逃げるに違いない。恐怖の体験を織り交ぜることで、カカシ効果を超える効果が発揮される。

カカシ効果にすぎないのか、それを超えるのか、いまひとつ判断がつかないのが「カラスの死骸をぶら下げる」という対策だ。たまに田畑や畜舎で見る例で、実践している農家によれば強い効果があるという。対策製品をあれこれ試してきた経験の上の言葉で、これには説得力があった。複数の農家から、その効果の大きさが報告されている。可能性として、見せしめのようにぶら下げられている死骸を見て「ここは危ない」と感じて近づかないのかもしれない。だとすればカカシ効果以上の力を発揮しているのだろう。

しかし、である。カラスはカラスを食べる。死骸は楽に手に入るタンパク源だ。仲間の死骸も食べ物としてしか見ない可能性がある。そうであれば餌をぶら下げていることになり、カカシ効果すら発揮されないことになる。

ハンカとヘンカ

カカシ効果を生かす対策で気をつけなければいけないのは「汎化(はんか)」だ。ここでいう汎化とは、似たような刺激を繰り返し提示すると、初めて提示する類似した別の刺激に対しても慣れが生じることを指す。カラス対策で言えば、新しい対策品を置いても追い払い効果がなくなってしまうことだ。こうした汎化を引き起こす要因は、長期間にわたって同様の刺激が繰り返し提示されることである。変化が少ないことが汎化を引き起こす。

色の変化でカカシ効果が引き出された例を紹介しよう。ゴミステーションのネットはカラスがついばむのを物理的に防ぐものの、隙間などからゴミが引っ張り出されて荒らされることがある。しかし、あるときネットの色が青や緑から黄に変わり、被害が減った。その結果、今や多くのネットが黄色となり、「カラスは黄色が嫌い」説を後押しすることとなってしまった。もちろん、カラスが黄色のネットを嫌がったわけではなくカカシ効果が発揮されたのだ。結局、当時は黄色のネットが珍しかったのだろう。これまで餌場だったところが見慣れない色に変わったぞ、というわけだ。ちなみに最近、色を黄から青に変えたら被害がなくなったという話を聞いた。カラスにしてみれば、街中で使われている黄色のネットに比べて青色が珍しかったため用心したのだろう。ちなみに、この青色のネットのゴミステーションも二週間したらいつも通り荒らされるようになったという。黄から青への色の変化がカカシ効果をもたらした例だ。特に、色の変化は重要なように思う。カラスの色覚が優れているゆえだ。

しかし、ここで注意しなければならない。ただ色を次々と変えるだけでは、汎化が起きるのだ。刺激を替える時は思い切り変化させることが望ましい。色の変化だけではないバリエーションが必要だ。音の併用も有効だろう。カラスの聴覚はヒトと同程度で超音波は聞こえないから、カラスの可聴範囲の音を使って様々

図版5–1　様々な対策品が並ぶ。効果が疑われたらすぐ片づけないと「汎化」が起きる

な変化をつける。見た目でも音でも多種多様の刺激を用いるのが重要だ。

もう一つ、汎化を起こしにくくするために重要なことがある。慣れが生じた物は片づけることだ。慣れられても置かないよりはマシだと思いがちだが、これは逆効果で、汎化を促すことになる。農家を訪ねると、様々な対策品が展示場のごとく並べられていることがある。それで話を聞くと、このへんのカラスはスレちゃってて何やっても効果がないんだ

よ……とあきらめムードが漂う。こうなると実際に何をやっても効果がない場合が多く、対策は困難を極める。

ではどうすればよいか？　ＣＤを吊るし、カラスが慣れたら撤去し、風船をくり付けてみる。慣れたら風船は撤去し、今度はラジカセからクラシックを流してみる。それも慣れたら落語でも流してみよう。手を替え品を替え、次から次へ、多種多様に、刺激を提示するのがコツだ。撤去を忘れずに。

好きな場所から離れられない

さて、カカシ効果を利用した手軽な対策をお伝えしたが、どの場所でも同じように効果を発揮するわけではない。対策の難しさは、その場に対するカラスの「執着度」に依存する。また、代わりの場所があるかどうかなど、ほかの選択肢の有無で変わるのだ。

例えば、昼下がり、ボーッとして電線にとまるカラス。あなたがジーっと見つめるだけで、おそらくどこかへ飛んでいくだろう。例えば、畑で虫をほじくるカラス。あなたが「パン」と手を叩けば一斉に飛び立つだろう。そして別の畑に行くに違いない。これらは執着度の低い例だ。また、ほかに選択肢がある。電線や畑はいくらでもあるのだ。

一方、繁殖期の巣の付近にいるペアを追い払うのは至難の業だ。ペアは熾烈な縄張り争いに勝ち抜き、協力して材料を集め、時間をかけて巣を作った。そして命を削りながらヒナを育てている。おいそれと巣の場所を変えるわけにはいかない――執着度はマックスだ。ここで、カカシ効果を期待して警戒を促すような対策を打ってもほとんど効果はないだろう。命に代えても、ぐらいの勢いでそこに留まろうとするかもしれない。巣の対策をするのなら、作り始める前にやらなければならない。ちなみに、電力会社では巣が配電の障害になるため、場所によっては巣を撤去している。卵を産む前に撤去しても、同じ場所かすぐ近くにまた巣を作るそうだ。巣作りは突貫工事になり、これがまた問題で、巣材がぼろぼろ落ちる。それにより停電などの事故が起きやすくなってしまうという。

わかりやすい例として、魅力的な食べ物が手に入る場所への執着も強い。人間の出した生ゴミがあるゴミステーション、人間のつくる農作物がある農地、家畜の餌を盗み食いできる畜舎などだ。これらの場所では、カラスが好きな高タンパク質・高脂質・高糖質の食べ物を得やすい――しかもあまり苦労せずに。このような場所では誘引してしまう要因をなくすのが難しい。ここではとにかく餌を取るのに苦労させることが重要だ。この場所は大変だからほかへ行こうと思わせるのだ。

また、一度餌場であると認識すると、しつこく、また大勢でやってくる。群れが群れを呼ぶ傾向があるからだ。一羽が二羽に、二羽が五羽に、五羽が二十羽に……あっという間に「黒山の烏だかり」となる。とにかく餌場と認識させないことが肝心なのだ。

愛知県のある街で、朝、数百羽のカラスを目撃した。これは珍しい。朝は各々お気に入りの餌場に〝出勤〟するのが普通で、こんな数にはならないからだ。不思議に思って周囲をうろついてみると、ある場所にやたらカラスが集まっていた。集団の中心には、明らかに誰かが撒いたであろう残飯があった。おそらく最初は数羽だったのが、毎日のように繰り返されることでほかの個体を呼び寄せ、数百という数に達してしまったものと思われる。

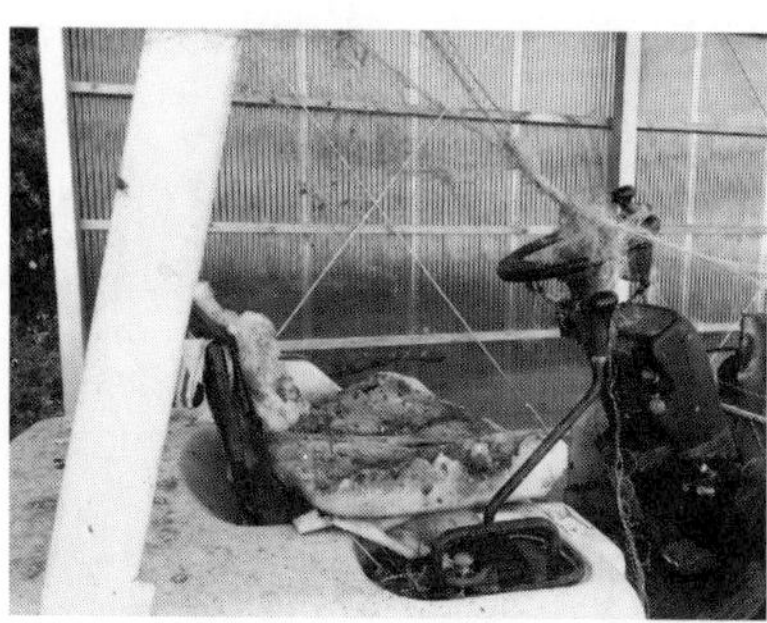
図版5–2　スポンジ部分がボコボコだ

人間でもそうだが、群れが大きいとカラスは大胆になるのか、食べることと関係ないような行動をとる。トラクターのシートをめちゃくちゃにほじくる（図版5–2）、ビニールハウスのシートを破る、などなど。とにかく、飛来が少ないうちの初手が重要である。

ねぐら対策はプロの手で！

ねぐら対策の難しさは、集団への対策の難しさでもある。第一章で述べたように集団はパニックを起こしやすい半面、慣れも生じやすい。カラスにも個性があって、神経質な警戒しやすいのもいれば、何かで脅しても動じない〝大物〟もいる。大物が動じない様子を見たら、ほかのカラスも警戒しなくなってしまうのだ。

また、ある群れを追い払っても、別の群れがやってくる。というのは、ねぐらになるような場所は、もともとカラスにとって居心地のいい場所だからだ。例えば市街地にある大きめの木立がねぐらになりやすい。夜は人気がない公園や、背の高い樹木がある神社などが特に好まれる。高栄養の食べ物が手に入りやすい繁華街近くであれば、移動のためのカロリー消費も少なく、なお合理的だ。市街地なら、夜にフクロウに襲われる機会も少ないだろう。治安の良い駅近物件、といったところだ。

そして、そのような場所では被害が顕在化しやすい。鳴き声がうるさい、怖い、その他、行政担当者は対応を迫られる。中でも糞の害が最大の問題だろう。見た目もさることながら、実は臭いがひどいのだ。毎日誰かがきれいにするというわけにもいかない。

結局、ねぐらはどう対策できるのだろう。レーザーポインターの光や様々な音を駆使してしつこく嫌がらせをすれば、カラスは移動するだろう。しかし、移動先は近隣だ。特に市街地では、追い払った結果、電線や高い建物にねぐらを移されることがある。そうなると被害がよけい深刻になる。糞害などが拡散してしまうのだ。私は行政担当者からねぐらの追い出しについて相談を受けることが多いが、そのようなリスクを伝えて理解してもらったうえで、追い出しを再考してもらうようにしている。

ねぐらは季節により場所が変わることが多く、カラスが集まる季節が始まる前から対策を実施し、居つかせないようにするなどの計画が重要だ。また、集団の行き先も用意した方がいい。「ここなら集まっても許容できる」というような場所があればそちらへと誘導することも可能かもしれない。誘導実験については第一章で紹介した通りだ。いずれにしてもねぐらの対策は難しい。できれば放置して「寝た子は起こさない」方がいい。どうしても、という場合は、専門家に相談すべきだ。

「カラス侵入禁止」と書いたらカラスが減った

以前、「カラス侵入禁止」と書いて貼り紙をしたらカラス被害が減ったというニュースが話題になった。これは本当のことだ。これは、当時宇大研究員だった竹田努氏の素晴らしいアイディアだ。世界で初めてカラスが文字を読めることが明らかにされた……わけではない。からくりはこうだ。「カラス侵入禁止」の貼り紙を見た人間が、「このへんはカラスがいるのか……」と付近を見回し、見つければ関心をもって視線を注ぐ。するとカラスが警戒してその場を飛び立つ、というわけだ。

とにかくカラスは人間の視線を気にする。私は仕事柄しょっちゅうカラスを観察しているが、顔を覚えられているところでは特に、とことん忌避されている。いつもの群れをいつものように観察、というわけにはいかないのが残念だ。竹田氏のアイディアにあるように、ただカラスに目をやる人間の視線と、何か目的を持って見つめてくる人間の視線には、カラスも違いを感じ取れるのかもしれない。だから私はカメラで行動を記録する時は直視を避ける。目立たないレンズのカメラを使い、低く構え、レンズだけカラスに向けておいて、知らんぷりをしてカメラのモニター越しに観察する。どうか通報しないでくれというスタイルだが……。

テレビ撮影の障害になるのが、まさにこのカラスのシャイさである（別に恥ずかしがっているわけではないが）。カメラマンは良い映像が撮りたくて、高性能のすごい存在感のあるカメラを、思い切りカラスに向ける。カラスはびっくりして当然逃げる。カラス対策の取材なのにカラスが撮れなくて困る、なんていうことがしょっちゅう起こるのだ。そのせいで、被害現場などでは撮影の際に「こんなにカラスがいないのは珍しい」と言われるぐらいだ。カラスを監視する視線は効果がある。カラスに困っている人は、熱い視線を送ってみよう。それだけで来なくなることもあるのだから。

網を張るのが一番。そりゃそうだ

色々述べてはきたが、カラス対策で最も効果があるのは、物理的にシャットアウトすることだ。防鳥網で覆い、侵入経路を塞ぐ。効果的なのは、まあ当たり前の話だ。しかしながらコストが問題だ。お金も労力も多大になる。

そこで、農林水産省の研究機関である農業・食品産業技術総合研究機構（農研機構）が開発した「くぐれんテグス君」がある。テグスを使って果樹園をカラスから守るものだ。まず畑全体を防鳥網で囲い、天井部にテグスを一定間隔で張る。少しでもコストを下げるため、侵入を防げる最低限の間隔にするのだが、その目安が前述の、カラスの翼の長さを考慮した「一メートル」だ。この「くぐれんテグス君」の方法なら、果樹園全面を防鳥網で覆う従来の方法に比べ、資材費は十分の一に抑えられるという。このほか農研機構は、畑に使う「畑作テグス君」も開発した。こちらは、必要な時だけ使うために、短時間で設置／撤去できる点が優れている。「君」をつけるネーミングセンスも秀逸だ。「ぐれんテグス」「畑作テグス」より記憶に残りやすい。

なお、恐るべきことに、テグスに引っかからないよう翼を閉じ気味で降下するカラスがおり、侵入を許すこともあるだろう。しかし、五メートル間隔で張っていても侵入を防げたという話もある。ここでは、畑に重機を入れるために密な張り方ができないという事情があった。五メートル間隔ならカラスは入りたい放題になるはずだが、もしかしたら、「行けそうだけど、もし引っかかったら嫌だから避けとこう」と忌避されたのかもしれないし、はたまた、カカシ効果があったのかもしれない――何かある、用心しとこう、と――。いずれにせよ、よそへ行こうと思われたのだろう。選択肢がほかにあれば、安全な方にカラスは向かうのだから。

さて、批評はこれぐらいにしよう。市販品にじゅうぶん勉強させてもらった身として、ここからは自分のアイディアを披露してみたい。

2　これが有効な対策だ

CrowLab設立

　総研大で、決して酒食目当てではない出張を繰り返していた二〇一七年十二月、私は株式会社CrowLab（クロウラボ）という会社を設立した。クロウはもちろんカラス、ラボは研究所を意味する。設立はちょうど特任助教の任期が終わるタイミングで、任期の更新はしないことになった。

　ある日、大学辞めて起業するわ、と妻に告げると、はあ?と怒りのこもった返答。息子が生まれたばかりということもあり、妻からすれば意図がわからない。当然の反応だ。だが私は昔から、やると決めたら意見されても聞き入れなくなってしまうたちで、そのことをよくわかっていた妻は、まもなく、もう決めたんでしょ、といって認めてくれた。申し訳ない&ありがとう、という気持ちでいっぱいになった。

　なぜ、大学教員を辞めてまで起業の道を選んだのか。理由は色々ある。書ける話と書けない話があり、長くなりすぎる話もある。ここでは、カラスに関係する範囲の、書ける話のみ書かせていただく。書けない話を知りたい方は、酒席で私に尋ねていただけますか。長くなりすぎる話は、……長くなりすぎるから、また別の機会に。

前述した、出荷前夜の梨をカラスに荒らされてしまい廃業した農家の話は、起業のきっかけの一つだ。体力勝負ともいえる農業において、高齢化が進む中、丹精込めて作った作物がこんな被害に遭っては、すべてをあきらめてしまっても無理はない。廃業農家の話はほんの一例だ。カラスに困らされている人は本当にたくさんいる。起業してみてクライアントの生の声を聞き、被害の深刻さを痛感する毎日だ。

一方、私のそれまでの鳴き声研究では、カラスの行動の一部をコントロールすることができていた。私が直接、困っている人を助けられるかもしれない――自分の研究成果が世の役に立つなら、この上ない喜びだ。大学で研究しながら、成果を社会還元するということもありうる。しかし、これはそれほど簡単ではない。直接、世の中にソリューションを提供するなら、商売にしてしまうのが、実はいちばん近道なのだ。もちろん私のモチベーションも倍増するし！

研究成果の社会還元と営利企業運営の両立は、もとより簡単ではない。日々様々な葛藤を抱え、自分を見失いそうになることもある。そんなとき、CrowLabという冒険にともに挑んでくれるパートナーが不可欠なのだ——共同経営者の永田健氏である。

永田氏とは総研大で知り合った。うまいものと酒が好き、という共通点は、つながりとして強固である。もとは飲み友達だ。宇都宮のうまい店に飲みに行こうぜ、と言って神奈川から栃木まで連れてきてしまった、というのは半分本当だ。永田氏の話はいつも理路整然とし、エビデンスに基づいていて、信頼できる。彼の博識は、知的な貪欲さによって培われているのだろう。ちゃらんぽらんで、後先考えず、思いつきで走り出す私とは正反対だ。また、尊敬できるのは、彼の利欲のない高潔な態度や考え方だ。これが、利欲と食欲にまみれた私の心に時折突き刺さって、痛い。なんにせよ、悩みも喜びも分かち合う共同経営者がいることとは幸せなのだ。

しょっちゅう喧嘩はしている。あるとき、クライアントが来る前日に喧嘩し、先方に「明日は永田は来ません」とメールした。ところが、宇都宮駅にクライアントを迎えに行ったとき、我々は二人だった。それを見た先方は明らかに「あれっ」という顔をした。そう、私たちは半日の間に仲直りしていたのである。そんなこと、こっぱずかしくて私から説明できないし、聞かないでいてくれたクライアントに内心激しく感謝したものだ。

ともかく、永田氏と一緒なら、営利企業としても研究の社会還元ができると思えるので、日々励んでいる次第だ。まだ、会社のお財布は真っ赤っかなのだが……。

CrowControllerなら、ゴミ荒らし防止に効果てきめん!

農家ではない読者にも身近なカラス被害と言えば、まず「ゴミ荒らし」だろう。CrowLabはゴミ荒らしを防ぐ装置「CrowController（クロウコントローラー）」を開発した（図版5−3）。カラスの飛来を赤外線センサーで検知すると、スピーカーから、「カー カー カー」という、カラスが危険に遭遇した時の鳴き声が発せられる。これを聞いてカラスは用心し、立ち去るという仕組みだ。いたって単純! ローテクそのものだが、この「カー カー カー」にCrowLabの技術が詰まっているのだ。これぞ、十八年にわたるカラスの音声コミュニケーション研究に立って開発した、「慣れにくいカラス追払い音声」なのである。

ゴミステーションでの実証実験をご紹介しよう。宇都宮市内のある自治会に協力してもらった。住民は意識が高く、ゴミを前日に出したりしないし、丁寧にネットもかけている。それでも、隙間から食べ物がほじくり出され、めちゃくちゃに荒らされるのだ。

早朝、ここにCrowControllerを仕掛け、少し離れた場所にビデオカメラをセットする。来た来た、カラスがゴミ袋の上にどさっと乗った——その瞬間、CrowControllerから

「カー」が発せられる。いざゴミを突こうとしていたカラスは動きを止め、バーへ飛び移った。あたりをキョロキョロと見回し（図版5－4）、飛び立った。フレームアウトしてから五秒後、姿は見えないもののこのカラスが近くで警戒の鳴き声を発した。やった！　狙い通りだ――ぜひこの痛快な動画をご覧いただきたい（YouTubeで「CrowController」で検索）。

カラスはCrowControllerの音声に対し、音源を探すように首を左右に数回振った。これは面白い反応である。よくある、「音で脅かす」系の製品では、音が鳴った直後にカラスは驚くようにしてバサバサッと飛び去る。一方CrowControllerでは音声の再生から飛び去るまでにタイムラグがあるのだ。これは、音をしっかり聞いて

図版5–3　CrowController。現時点での最強兵器だが、たたずまいは実直である

図版5–4　くくり付けられたCrowController（右）からの声に、えっ 何？ 誰？ と慌てるカラス

いることの現れだ。まさに、カラスの音声コミュニケーションを利用した製品に仕上がったということだ。

小さい音で効くのもポイントだ。実験は静かな住宅街で、それも早朝に実施している。できれば先の動画をご覧いただき、装置の音量と、飛び去ったあとのカラスが発する鳴き声の音量を比べてみてほしい。装置の音の方が明らかに小さいが、カラスはしっかり反応している。大きな音で驚かすのではなく、カラスの耳に届くことを目的としているためだ。だから騒音としての苦情も実際に出ていない。

これには別の意義もある。現場から少し離れて電線などから様子を窺うカラスの耳には届かない音量なのである。CrowController の鳴き声をカラスが繰り返し耳にすると慣れが生じやすくなるが、その機会を減らすことができるのだ。

この実験は継続しており、設置から二年以上という長期的な効果を確認できている。開発した我々が言うのもなんだが、ここまで効果が持続するとは思っていなかった。なぜ効果は長続きするのか――永田氏が考えた、装置の音声を忌避するカラスの意思決定のモデルで説明してみよう(図版5−5)。この「カラスの利得の表」を見て、記号だらけだ……と怖気づかないでほしい。私だってわかって……いやいや、わかっている。わかっているから

	忌避する	忌避しない	確率
CrowController	$-\Delta$	$+\alpha$	p
危険な場面	$-\Delta$	$-\beta$	$q(=1-p)$
期待値	$-\Delta$	$\alpha p-\beta q$	

図版5–5　ものすごくかっこいい「カラスの利得の表」！　しかし講演でこれを出すかどうかは場の空気次第だ

説明できるのだ。説明してみせよう！

　まず「忌避する」の列を見よう。音声が、ゴミステーションに設置されたCrowControllerから再生されたものであろうが、実際に危険な場面で発せられた鳴き声であろうが、逃げること自体には一定のエネルギーを使う。この損失を⊿（デルタ）（利得としては逆符号の－⊿）とする。逃げることを選べば、餌にはありつけないが危険にも遭わないから、とにかく「⊿の損失」となるのだ。

　次に「忌避しない」の列を見よう。音声が、ゴミステーションに設置されたCrowControllerから再生されていたならば、音を無視することでゴミという餌を獲得できる。この時の利得をαとする。一方、実際に危険な場面で発せられた鳴き声であるならば、逃げないことで争いに巻き込まれてケガをするといった実害を被る。この時の損失をβ（利得としては逆符号の－β）とする。ここで、音だけを耳にしたカラスには、音源がCrowControllerから流された偽物の鳴き声なのか、本物の鳴き声なのかがわからないというのがポイントだ。カラスは音の真偽がわからない中で、ともかくも「忌避する」か「忌避しない」かを判断せざるを得ない。

そこで「確率」の列にあるように、カラスが耳にするのがCrowControllerからの音声である確率をpとし、実際に危険な場面で発せられた鳴き声である確率をqとする（必ずこのどちらかであるため、$q=1-p$となる）。

さて、我々はもちろん「忌避する」をカラスに選んでほしいのだった。カラスが、「忌避する」か「忌避しない」かを判断する材料は、カラスの利得の「期待値」である。ひらたく言えば、それぞれの判断をした時に「どれぐらい得するかを予測したもの」だ。利得の表で言うと、「忌避する」場合はいつでも⊿の損失があるので、期待値も同様に⊿の損失となる。そこで、たとえ損失であるとはいえ、「⊿の損失」の方が得だとカラスに思わせれば、忌避が実現する、つまりカラスを追い払えることになる。

そこで、「忌避しない」場合の期待値は、「逃げないことで得られる餌の利得×それが起きる確率（$=\alpha\times p$）」と、「逃げないことで被る実害の損失×それが起きる確率（$=\beta\times q$）」を考慮して「$\alpha p-\beta q$」となる。確率pは変化しうるから、それに伴って「忌避しない」場合の期待値も変動する。だからグラフを作ってみてもいいだろうか？（図版5－6）

横軸が確率、縦軸が期待値を表している。確率は0から1の間のどこかの値になる。なお、逃げるのに要するエネルギーの損失は、敵に襲われるダメージによる損失に比べれば非常に小さいはずだから、Δはβに比べて十分に小さい。二本の直線は期待値を表す。「忌避する」場合の期待値は一定の、Δの損失だ。これに対し、pの大きさしだいで変化する、傾きのある線が「忌避しない」場合の期待値である。そして、この右肩上がりの直線がΔの損失を表す水平な直線より下になればカラスは忌避を選ぶ。つまりグラフの交点より左側だ。そちらを選ばせるにはpを十分に小さくしないといけない。

極端な例を挙げてイメージしてもらおう。pがゼロに近い時は世の中にCrowControllerがほとんどなく、カラスはCrowControllerの音を聞く機会がほぼない状態を示している。カラスは偽物の鳴き声が存在するかどうかなど気にする必要がないので、音を耳にしたら必ず忌避するのが得策だ。一方、pが1に近い時は世の中にCrowControllerが溢れていて、カラスはしょっちゅうCrowControllerの音を聞いている

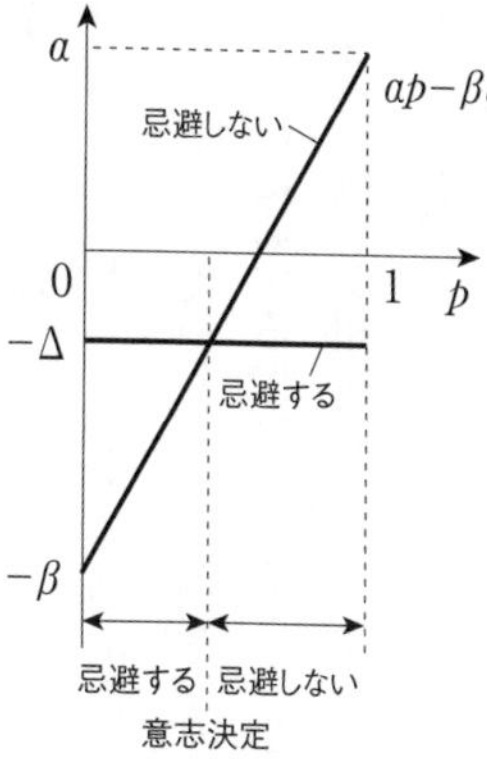

図版5–6 「忌避する/しない」の変化。説明を読めばきっとわかるはず！

ような状態だ。カラスが耳にする音はCrowControllerからの偽物ばかりなので、逃げる必要がないどころか餌場の合図とすら思うかもしれない。要は、すぐにCrowControllerの音に慣れて忌避しなくなってしまうということだ。実際は、カラスが危険な場面に遭遇する機会はなくならないためpが1になることはないが、CrowControllerの音を聞く機会が頻繁になればなるほど利得の期待値はグラフの右へと進み、忌避しなくなる、というわけである。つまり、これを回避するためには、CrowControllerから音を出す回数を最低限に留めなければならないということになる。……説明できただろうか。いま非常に安堵しているのは私である。

今度は絵を使って少し違った形の解説をしてみよう。最初から数式じゃなくて絵にしてくれ、とは、どうかおっしゃらずに……。①初めてCrowControllerの音声を聞いたとき、カラスは警戒する(図版5―7の①)。しかし、②CrowControllerの音声を何度も聞いていると「安全そうだ」と学習してしまう(同②)。だが、③別の場所で、実際の危険な場面に遭遇したときに同様の鳴き声を耳にすると、「この鳴き声は危険だ」と学習し(同③)、④のちにCrowControllerからの音声を聞いたときも、この警戒が続くのだ(同④)。しかし、④で実際にカ

図版5–7　①「初めて聞く」、②「慣れてしまう」、③「実際に危険を目撃する」、④「目撃内容を踏まえて忌避する」の図

ラスが忌避するかどうかは②と③のどちらの学習が強いかによって決まる。それが先程の利得の期待値のグラフだ。効果を持続させるためにはもちろん、音量を十分に小さくし、必要な時間以外は再生しないことで、CrowControllerの音を聞く機会を減らす必要がある。

これは追払い音声貸出サービスである。名前はまだない

CrowControllerはセンサーが作動すると音声が再生される仕組みだ。カラスの動きに合わせて再生されるところにリアリティがあり、これぞ効果が大きい理由だろう。しかしこのセンサーは検知範囲が狭いのが難点で、カラスが三メートルぐらいまで近寄ってきてくれないと反応しない。このためゴミステーションなど局所的な場所以外、例えば農地などの広い場所では使えない。

そこで、広範囲向けのものとして「カラス追払い音声貸出サービス」を提供している。カラスの追払い音声を、スピーカー付きで貸し出すサービスだ（図版5－8）。センサー式ではなく単純に音声を再生するもので、これだけであれば慣れが生じやすいため工夫を施している。例えば、鳴き声と鳴き声の間に無音のインターバルを置いたり、周波数を加工したり、何種類かの鳴き声を組み合わせたりしているのだ。ここに十八年間の研究成果が詰

まっている。そして再生方法も非常に重要だ。スピーカーを設置する場所、再生する音量とタイミングなど、現場の特徴やカラスの反応を見て再生方法をカスタマイズすることで、効果を持続させることに成功している。再生方法のコンサルティング込みのサービスだ。

ここで欠かせないのが、音声の交換作業だ。同じ音声を使っていると慣れが生じるのを避けられない。ネットで見かける製品に、特殊な音声を使っているため慣れない、と宣伝しているものがあるが、慣れないということはありえない。まあ、場所によってはカラスの執着度が低いために、ちょっとした刺激で来なくなるようなこともあるのだが、それならばＣＤをぶら下げるだけでも十分だ。わが社のサービスは慣れることを前提に設計している。実際、慣れてしまった時点で音声を交換することで、ふたたび効果を取り戻すことを確認している。提供する音声パターンはストックがたくさんあるし、音声を加工する技術も、それらがカラスにとって自然な音声コミュニケーションになるように組み合わせるノウハウもあるので、大げさに言えば無数のパターンを作りだせるのだ。

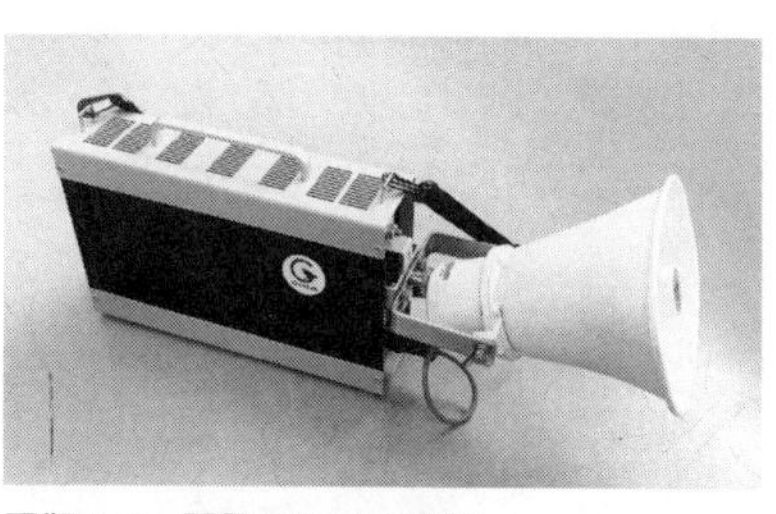

図版5–8　開発はクロウの連続

あれ？　とお思いかもしれない。そう、汎化の可能性だ。音声を単に代わる代わる流すだけなら汎化が起き、新しい音声に交換しても効果がなくなってしまう可能性について述べた。慣れへの対処と汎化への対処は重なるところもあるが、野生動物をだます技術は奥が深い。CrowLabには汎化を起こしにくくするノウハウがある。例えば、現場の環境に合わせて汎化が起きにくい音声パターンを作る、適切なタイミングで音声を再生するなどだ。これまでの十八年間の研究の知見が詰まった、CrowLabにしかできないコンサルティングサービスなのだ。ちなみにこのサービス、名前がまだない。募集中です。

提供の実例をちょっと紹介しておこう。ある自動車メーカーでは、新車を一時保管するモータープールで、カラスがワイパーや窓ガラスのゴムパッキンを食いちぎってしまう被害に遭っていた。これは困る！　色々対策を試したが効果が一時的だったとのこと。ふつうモータープールのような場所はカラスの執着が低いが、この件では養豚場が隣接していて執着度が跳ね上がっているものと思われた。さあ我々の出番。名前がまだない貸出サービスを提供すると被害は激減した。効果は一年以上続いている。メーカーには、修理にかかっていたコストをカットできたと喜んでいただいた。

愛知のある神社では、重要文化財となっている本殿で、営巣シーズンになるとカラスが檜皮葺（ひわだぶき）の屋根から巣材として檜（ひのき）の皮を抜いて持ち去ってしまうという被害があった。これも困る！　名前がまだないサービスを提供し、解決できた。

青森県八戸市では、冬に多数のカラスが飛来し、中心市街地をねぐらにしてしまっており糞害がひどく、商店街の方が毎朝掃除しなければならない状態だった。八戸市に音声を貸し出し、広域的かつ長期的に追い払いを実施した。定点カメラからの映像を見ると、実施前後で飛来数が三分の一にまで減り（図版5–9）、飛来する期間もひと月近く短縮された。市によれば、苦情件数は減り、集中的な糞害もなくなったという。

そのほか、原材料や残渣（ざんさ）を突っつかれる食品工場、従業員の自家用車への糞害に悩まされる工場、花など

図版5–9　八戸市での「使用前／使用後」。定点カメラの映像より

お供え物を荒らされる霊園、食害に悩む果樹園などで被害軽減を実現してきた。ここまで書くといかにも全能のようだが、中にはうまくいっていない事例もあるので、包み隠さず紹介しておこう。

それは畜舎だった。ある畜産農場で、牛が何頭かサルモネラ症にかかり、発熱・下痢などに苦しんでいた。ここへはカラスが頻繁に出入りしており、駆除したカラスからもサルモネラ菌が見つかったため、カラスが菌を運んでいる疑いが持たれた。そこで、畜舎へのカラスの侵入を防ぐ必要が生じ、ここでCrowLabの出番となった。それまでにあらゆる対策を行い、全部慣れが生じたとのことだったが、我々のサービスは効果てきめんで、劇的とまで評価してもらった。まだないサービスの効果は二カ月続いた。

しかし、三カ月目から次々と侵入を許すようになる。音声を交換しても変わらない。これが汎化だった。あれ？　まだないサービスは汎化を防げるんじゃなかったの？——はい、その通りです。急に自信を失いかけた私がクライアントに話を聞くと、痛恨！　説明が不十分だったせいで、スピーカーを最大音量にして音声を流してしまっていたようだった。適切な再生方法の指示込みのサービスのはずが、これはミスだった。悔しい！

畜舎は栄養価の高い「濃厚飼料」がいつでも盗み食いできる、カラスにとって執着が強い場所だから、対策の難易度は高い。この例のような汎化を起こさせないために、個体の反応や群れの動きをモニタリングしつつ、こまめに再生方法を変える必要がある。指示込みとはいえ、クライアント任せだと完璧にやるのは難しい。この課題をクリアするため、IoTを使った遠隔運用システムを開発中である。

カラス追払い音声が牛に悪影響を及ぼさないかと、畜産農家から聞かれたことがある。特に乳牛はストレスが乳の出具合に直結するという問題があるためだ。そこで、宇大教授の長尾慶和（よしかず）氏と同准教授の青山真人（まさと）氏に協力していただき、宇大附属農場の乳牛に音声を聞かせ、行動や乳量・乳質・ストレスホルモンの変化を調べてみた結果、CrowLabのカラス追払い音声は牛に対してストレスがなく、行動にも生産にもまったく悪影響はないというお墨付きをもらうことができた。このとき、あえて大きめの音量で調べており、農場のヒトへのストレスになっていた可能性はあるが……。

この「まだないサービス」、名前がまだないから仮につけたが、いまだかつてない効果を持つという意味も込められて、いいかもしれない。

パタパタロボ（仮）

続いて、こんな製品も開発中である。カラスの危機的状況を再現したロボットだ。製品名はまだ決めてないが、「パタパタロボ（仮）」と呼んでいる。ネーミングは重要だ。

カラスの死骸を吊るす対策が「カカシ効果」以上の効果を持つかもしれないと前述した。しかし、ふつうカラスの死骸は手に入らないし、腐敗したら臭いなど、別の問題も生じる。だから死骸を模した製品も売られていて、中にはガチョウの羽を黒く着色して貼り付けた物まである。ヒトの目にはリアルなカラスの羽にも見えるが、カラスにはそう認識されてはいないだろう。カラスの羽の色が構造色であることはこれまでにも述べてきた。構造色による紫外線の反射まで再現した塗装を行うことは、まず無理。それならばと私は、本物と思わせるために、羽だけ本物を使うことを考えた。

とはいえ、ただ吊るすだけではすぐに慣れが生じておしまいだ。第一章で「動く剝製」を作る話を書いたが、やはりカラスをだますうえで重要なのは「動き」である。さらにそこへ、我々にしかできない、「敵に襲われているカラス」の声を再生すれば、相当ビビらせることができるのではないかと考えた。

鳴き声の方はＯＫだ。ストックは十分ある。肝心なのは「動き」だ。襲われているカラスの動きを再現しなければならない。そこで、実際にタカに捕えられたカラスの映像を見てみた。映像のカラスは翼をバタバタさせてもがいている。これはモーターを使えば再現できる。胸のあたりのモーターの回転運動を、翼をバタバタする運動に変換すればよい。それを覆う胴体部分から、首を激しく振る動きもあるなとか、首の動きに合わせて鳴き声を再生したらよさそうだなとか、そう考えているうちに大事なことに気づいた。

まず、技術が難しすぎる。つまり費用の問題だ。一体に百万円かかったらいくらで売ればいいか。めちゃくちゃ時間と労力がかかっているから、売値は倍額でも回収できるかわからない。とはいえ、農家へ伺って、パタパタロボがいいなという話になっても、「一体二百万円です」と言う勇気は私にはない。高すぎる、と思われそうだ。

そして同時に気づいた——そんなこと、やる必要ないのだ。前に木更津高専と試作したのは、リモコンで動くロボットだった。あの時は野生のカラスに、縄張りに侵入した敵だ、と信じさせたかったから動きの精巧さにこだわったが、今回は目的が違う。すなわち、怖がらせて脅かすためだから、ハリウッドザコシショウではないが、カラスの「ヤバい!」という気持ちをあおるような動きと声さえ誇張して再現できれば、個体の精巧な再現はしなくてもいいのだ。そうだ、胴体なんか隠してしまえ! ついでに頭も!

名は体を表す。パタパタロボ（仮）のミソは、パタパタするパーツ＝翼しかないところだ。写真は試作機一号だが、翼の一部のみ外から見えるように、胴体部分にアルミ蒸着シートをかぶせてある（図版5－10）。このシートの中は、動力部分のボックスと剝製の翼がクリップでつながっているだけだ（図版5－11）。これならコストを抑えられる。さらに、アルミ蒸着シートが副次的な効果をもたらした。翼が往復運動をすると、シートがこすれて音がバサバサ鳴る。これはもう実際の動きを映像ででも見ていただくしかないのだが（YouTubeで「カラス撃退ロボ」で検索）、シートで隠したことでかえってリアルになったのだ。知らない人がいきなり見たら、カラスがシートの中で暴れていると、普通に勘違いするレベル。ぎょっとさせること間違いなし。

いや、だますのはヒトでなくカラスだった。効果を調べなければ。試作機一号を携えてカラスが集まる場所へ向かった。堆肥のもとになる生ゴミなどを集積した堆肥場だ。早朝からこれを狙ってカラスが多数集まっている。車から素早くロボを持ち出して設置し、パタパタ＆音声を再生した。カラスが聞く音としては「バサバサ＆グワァグワァ」になる。すぐに一羽が飛んできた。ロボを確認すると、「ガー」という強い威嚇の鳴き声を発して、すぐにもと来た方向へ飛び去った。あたりのカラスたちも次第に減っていった。効果は抜群だ！

試作機一号は本物の翼を羽ばたかせているために、かなり強力なモーターが必要だ。しかし安価で強力なモーターというのがない。そこで、翼をやめて、アルミなどで作った棒を軸とし、そこに羽を数枚貼り付けることで空気抵抗を格段に減らし、通常のモーターでも長時間稼働できるようにした。これが試作機二号だ。翼をやめたことでさらなるコスト削減につながった。肝心の効果は現在確認中である。

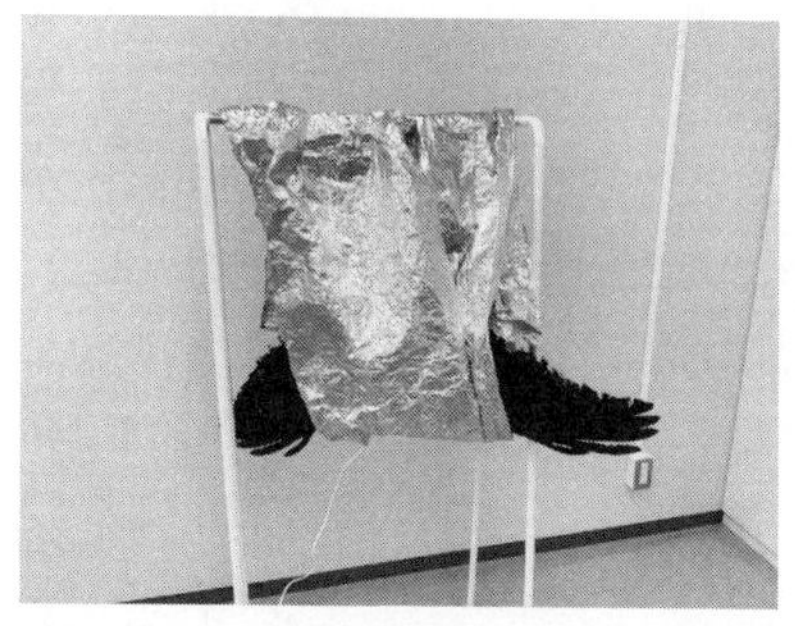
図版5–10　パタパタロボ(仮)。ずいぶんな見た目だが、これが絶大な効果を発揮する！

図版5–11　アルミシートを取るとこうなる。強力モーターを収めたボックスがむきだしだ

この「パタパタロボ(仮)」は見た目のインパクトもあってか、栃木銀行主催のビジネスコンテストでグランプリとなった。それをメディアに多数取り上げてもらえたのは我々のようなベンチャーにとって本当にあ

りがたかった。開発段階にもかかわらず購入希望まで来てしまったのだ。喜び勇んで進めているが、モーター問題もあり、当初の予定を延ばして待ってもらっている状況である。ちなみにこのグランプリ、正式名称は「羽ばたく起業家賞」。ま、まさか……ダジャレだったのでは……と、今でも内心落ち着かない。

3　カラスと生きる？

共存って何だろう

本書もそろそろ締めくくりにかかるところだ。さんざんカラスのことを書いてはきたが、私自身はカラスを絶滅させたいわけではないし、ペットのように可愛がりたいわけでもない。野生動物として一定の距離を置きながら、その生態を知ることができれば興味深い、というスタンスである。本当は、すごく食べたいというわけでもない。

カラスのように身近だとつい忘れがちだが、カラスは人間と生活圏が重なっているだけの、まぎれもない野生動物である。生活圏の重なりが「摩擦」を生むが、この摩擦を減らしたいというのが私の考えだ。別の言葉で言えば、これが私の思う「ヒトとカラスの共存」である。

そのためのベストな方策は何か。愛好家の方には申し訳ないが、それはシンプルに、個体数コントロール、つまり、カラスの数を減らすことだと思っている。摩擦はたいてい、数が多いことによるものだ。庭先に来たカラスが一羽、糞を落としていったからといって、それで目くじら立てる人はたぶんいないだろう。これが数十羽になると誰だって我慢できない。さあ役所に電話ということになる。数羽のカラスが作物をついばんでも許容範囲だろうが、収穫前日に大群が押し寄せたらどうなるか？　農家なら、カラスを一網打尽にしたくなったとしても無理はないだろう。今起こっている摩擦のほとんどは、カラスの個体数が多いことに起因している。

数を減らさないと共存できない、というのは人間中心主義が過ぎるだろうか。カラス・ソリューショニストとして〝お困り〟現場を渡り歩いている私はそうでもないと思う。ヒトこそがカラスを増やしていると感じるからだ。ヒトは無自覚にカラスに餌を与え、自ら増やしたカラスによって困らされている。まずはその無自覚な餌付けをヒトは改めるべきじゃないの、というのが私の考えだからだ。

その話をする前に、いま多大なコストをかけて行われているカラス対策のうち、数を減らすことを目的とした方策について、私の見方を述べておきたい。

発砲できない市街地へ逃げるカラス

野生動物の数を減らそうと思ったとき、よく言われるのは「駆除」だ。最も安易な発想だが、これについてまず検討しておきたい。

カラスを撃つのは熟練のハンターでも簡単ではないらしい。銃口を向けられるだけでカラスは飛び立つし、大きな銃声とともに地上に落ちていく同胞の姿を見た日には一目散に飛び去っていくだろう。その後はハンターの姿を見ただけで遠ざかるようになる。学習したカラスはどんどん撃たれにくくなる。カラスが一時的に集まってくる鳴き声もあり、これを流して十分に引き寄せてから、ハンター数人で一斉に撃つ、というやり方なら、それなりの数を一挙に減らせるだろう。とはいえこれも繰り返せる方法ではない。学習したカラスは戻ってこないからだ。

これに関連して、銃器による駆除で最も問題なのが、市街地では撃てないことだ。ある市で、市街地にカラスが集まって糞害などが問題になっていた。これを銃で駆除することになったが、市街地では撃てないので、群れの一部がねぐらにしていると思われる郊外で撃ち、いくらかを駆除した。すると、もともと郊外にいたと思われるほかのカラスまで、当の市街地へと逃げてきてしまったのだ。これにより市街地のカラスはさらに増え、被害は悪化。気の毒な例だが、カラスの生態を考えれば当然の結果だった。

カラスはそもそも山林や郊外だけに棲んでいるわけではない。銃に脅かされれば、棲みやすく安全な市街地に引っ越してくるだけだ。銃器による駆除は、カラスの個体数コントロールに有効であるとは言いがたいのである。

箱罠に入る個体はそもそも……

撃たないのなら生け捕りにせよ。というわけで、実はけっこう広く行われているカラスの捕獲法について見てみよう。前章でも述べた、「箱罠」と呼ばれる小屋タイプの罠だ。天井部に入ってこられる隙間があり、中に餌が入れてある。天井から針金が何本もぶら下がっているため、一度入ると翼が当たって出られない、という仕組みだ。

私の経験から言って、箱罠での捕獲率を上げる方法はある。カラスになりきって考えると、まず囮を入れるのがいい。先述のように、見るからに怪しい箱罠に対する、カラスのしかるべき不安を払拭するために、中に囮のカラスを入れておこう。すると、餌がとれなくて切羽詰まっているカラスや、未熟なカラスは安心して、入って来やすくなる。

次に、小屋の大きさが重要だ。わざわざ狭い空間へカラスは入ってこない。罠の素材や形にこだわる必要はない。素材は単管パイプと防鳥網などでいいから、大きい空間を作る。自作ならコストも抑えられるし、劣化しても作り直せる。

清潔にしておくことも大切である。カラスは、死体を食べるといっても不潔なのが好きなわけではない。実はカラスも新鮮な肉の方が好きだ。管理の行き届いた箱罠の方がカラスも入る。餌と水は毎日取り替え、糞もきれいに片づけよう。そして、餌は魅力的なものにしよう。すなわち、高脂質、高タンパク質の食材だ。肉や脂身、マヨネーズがいい。唐揚げにマヨネーズなんて最高だろう！

その他、設置場所の選び方や餌の仕掛け方、音声を使った誘引方法など、CrowLabならではのコンサルティングは可能だ。

それはそれとして、断っておくと、私自身は捕獲を推奨しているわけではない。長期的に見れば捕獲は個体数コントロールに寄与しないと思うからだ。理由は二つ。一つは、捕まる個体のほとんどが、捕まらなくてもいずれ死ぬ運命にある個体であろうこと。もう一つは、カラスの繁殖力を凌駕するほど多数を捕獲するのは現実的ではないことだ。

まず、箱罠は、見るからに怪しいのだ。厳しい冬を何度か乗り越えてきた経験豊かなカラスはまず捕まらない。実際に、捕獲されたカラスの口の中を見るとだいたいがピンク色である。つまり二歳未満の若鳥だ。でなければ、何か切羽詰まって、怪しさを承知で入ってくる大人だけだ。ちなみに箱罠に入っても、抜け出る強者を目撃したことがある。周囲の網に摑まりながら針金の間をすり抜けて外へ出るのだ。敵ながらあっぱれ……。でもこれは例外。箱罠は、放っておいても自然淘汰で死んでしまうであろう個体を、前倒しで捕まえているだけだという印象がぬぐえない。

次に、カラスの繁殖力を考えてみよう。カラスのペアは一年に三個から五個の卵を産む。野生動物だから、五個産んでも五羽増えるわけではない。なぜか孵化しない、ヘビに食べられる、巣から落ちる、きょうだい争いに負けて餓死する、などなどで、無事に巣立つのは二・五羽程度と考えられている。独身カラスや縄張りを持てないペア、巣作りに失敗するペアなどがいるので、親二羽分を足して単純に二羽が四・五羽になるわけではないが、一年で倍ぐらいにはなる計算だ。これが繰り返されれば、カラスの数はものすごい勢いで増えるはずだ。だが実際にそうなってはいない。これは、木の実や虫の激減する冬に、多くの個体が餓死してしまうからと考えられる。

というわけで、箱罠でカラスの数を減らそうと考えた場合、仮に繁殖個体が百万羽いたら、翌年の繁殖期までに百万羽捕まえて、個体数はトントンである。それだけの数を捕まえることが現実的だろうか？　仮に、一年間がんばって捕まえたとしても、翌年以降も同様に続けないかぎり数はすぐ元に戻ってしまうだろう。

そして捕獲にはコストがかかっている。箱罠を管理する人件費、捕獲されたカラスの処分費用（結局は殺すのだ）、箱罠の修繕費用などだ。何もしなくても冬に餓死するであろう個体をコストをかけて数カ月早く捕まえているだけだとしたら、どうだろうか。

また断っておくと、私は捕獲自体に反対しているわけではない。ヒナが箱罠に入り始める夏から、冬に自然淘汰を迎えるまでの期間に、一時的に個体数を減らしていることは間違いないからだ。だが多大なコストをかけて毎年がんばってやるほどの意味は、やはり大きくない気がする。もう一つ断っておきたいのは、捕獲と個体数削減の因果関係については、大規模・長期間にわたる調査に基づくデータから示されているわけではない。しかし、生態学的には正しいと考えられるし、カラス・ソリューショニストとしての日々の活動の中で実感しているため、自信を持って書いているし、講演でいつも言っているのだけれど。

無自覚な餌付けストップ！キャンペーン

ではどうしたらいいのか。我々は「環境収容力」に注目したい。環境収容力とは、ある環境において、そこで継続的に生存できる生物の個体数を表す言葉である。カラスでいえば、自然界の餌が激減する冬に生き残ることのできる個体数と考えてよい。これを減らせば、カラスの個体数は減るはずだ。

自然界の餌がなくなったらカラスは何を食べているのか？　私は、ヒトの出す餌資源がほとんどではないかと思っている。ヒトがカラスを養っているのだ。冬場の個体数が減れば通年の個体数も減る。冬場の環境収容力を押し下げることは、実は人間によって可能なことだと思われるのだ。

ヒトの出す餌資源とは、身近なところで言えばまず生ゴミと農作物だ。しかし、農作物を作るなというわけにはいかない。私が注目するのは農作物の「残渣」だ。出荷する際に規格外と判断された作物が畑の隅に放置されていることがある。いずれ肥料になるという判断もあるのだろう。しかし、これこそ砂漠の中のオアシス、カラスにすれば貴重な冬の餌場になっているのだ。庭木の柿も格好の餌だ。これらはすべて人間によるカラスへの「無自覚な餌付け」なのである。

我々は、これら餌資源を、市民との協力のもと、徹底排除するキャンペーンを自治体に提案している。「無自覚な餌付けストップ！　キャンペーン」だ。ポイントは冬に絞って、しかも一週間だけやることだ。理由はカラスの代謝にある。代謝が高く、脂肪の蓄えもほとんどないカラスは、せいぜい四日間食べなければ餓死すると私は見る。だから念のための一週間なのだ。一週間のキャンペーンなら市民の協力も得られるのではないか。具体的には、生ゴミを出すときはネットをきちんとかける、庭の渋柿なども含め、収穫しない作物は摘み取り、農作物の残渣などとともに土中に埋めて、カラスが突っつかないようにするなど、カラスの餌になりうる資源を徹底的に排除・管理するのだ。それも一週間だけ。多数の市民の協力は必要だが、銃による駆除や箱罠による捕獲に比べれば、低コストかつ高い効果が期待できる。とにかく餌を減らすことなのだ。冬にこれをやって環境収容力を下げることが、現時点ではカラスの個体数コントロールに最も有効な手段ではなかろうか。

ツッコミに備えよう。このキャンペーンを実施したら、カラスは、キャンペーンをやっていない隣の街に移動するから、意味がないのでは？

果たして意味がないだろうか？　ごく単純化したモデルを考えてみよう。A市において、秋に生息するカラスが二万羽で、環境収容力が一万羽だったとしよう。放っておいても冬

①

②

③

図版5–12　無自覚な餌付けストップ！ キャンペーンのために。①生ゴミや果実・野菜の残渣がカラスの餌になる、②追い払うのは対症療法で根本的解決にならない、③ゴミにはネットをかぶせる

を越せるのは一万羽だが、ここで冬にキャンペーンを行って環境収容力を五千羽に下げたとする。すると飢えた一万五千羽は、確かに近隣市町村に流れるだろう。

　しかし、流れていった先のB町でも環境収容力は決まっているのだ。B町に生息しているカラスが一万羽、環境収容力が五千羽だったとすると、ここへ一万五千羽のカラスが流れていったら、生息するカラスが一時的に二万五千羽に膨れ上がる。環境収容力から、冬のうちに二万羽が餓死することになるのだ。キャンペーンをしない場合に比べて、餓死個

①

②

③

図版5–13　餌を減らす。①商品にしない果実も摘み取る、②餌になりそうな果実や野菜は土に埋めてカラスに見せない、③冬に餌資源を減らすことが個体数減少につながる

体数は五千増えることになる。

もちろん、一つの市町村だけで行うよりは、近隣を巻き込み同時期にやる方が間違いなく効果は大きいだろう。カラスは一日に六十キロメートル移動した例もあるが、これを考慮すると、一県から複数県の規模で実施すると効果が相当上がる。意味が逆かもしれないが、「愛鳥週間」のようになったら本当に効果が見えるようになるはずだ！

ボードゲーム化！

冬に餌を減らして淘汰圧を上げ、環境収容力を下げるのが個体数コントロールに重要だという話を、講演では毎回するのだが、質疑応答になると、「どうすればカラスを一網打尽にできるのか」などの質問が出て、どう答えようかと苦しむことがしばしばある。実際に被害を受けている農家にとっては、目の前のカラスをなんとかしたいから講演に来ているのであり、そこで環境収容力と言われてもまだるっこしく感じられるのだろう。

しかし、いずれは被害を減らす抜本的な対策であることから、なんとか理解してもらいたい。講演のような形で納得してもらうのは難しく、納得がなければキャンペーンにも参加してもらえないだろう。そんなときにある人物と出会った。地理学を専門とし、東京大学元特任教授の今井修氏だ。今井氏はイノシシ対策のボードゲームを開発していた。イノシシ対策はハンター任せになりがちだが、住民による監視も効果があり、住民に当事者意識を持ってもらうことが重要である。イノシシ版のボードゲームでは、イノシシ役、ハンター役、住民役に分かれてプレイする。イノシシは盤上の餌を取りながら移動し、餌が無くなったら餓死して住民側の勝利だ。イノシシがハンターに捕まっても住民側の勝利である。逆に八ターン逃げ切ればイノシシの勝利である。このゲームをやると、ハンターには意外にやることが少ないこと、餌を取り除くこととイノシシの目撃情報を共有するという住民の役割が重要であることなどがわかり、住民に自然と当事者意識が芽生える。実際に当地の地図を使うと、その効果は非常に高まるようだ。

あるイベントで今井氏と知り合い、カラス版ボードゲームの開発がスタートした。ゲームの狙いは、環境収容力を理解してもらうことだ。大枠は今井氏がデザインし、我々はあだこうだと好き勝手を言わせてもらったが、数カ月でうまくゲームにしてもらえた。イノシシ版に比べると、カラスは長距離を移動すること、一羽捕まえてもあまり意味がないことなど、ゲーム化には困難が多かったと思われる。しかしここからが大変だった。我々のメッセージが正しく伝わるか、実態と合っているか、そもそもゲームとして面白いか、という観点から、マスを減らし、コマを増やして、わずかな変化でゲームの印象が大きく変わるのを感じながら何度もシミュレーションを重ねて調整していく。我々も何度もプレイして、意見を出した。試行錯誤を繰り返し、一年かけてようやくゲームができた（図版5–14）。

そんなクロウ話はさておき概要を説明しよう。プレーヤーは住民役、行政役、カラス役に分かれる。住民役はカラスの餌を減らし、行政役は対策を実施することでカラスを増やさないようにする。一方、カラス役は数を増やすのが目的だ。

やってみるとわかるが、カラスがものすごい勢いで増えていく。住民と行政は恐怖を覚える。しかし数ターンすると風向きが変わってくる。一ターンごとに季節が変わる。春・夏・秋までは変化はないが、冬になるとイベントが発生する。森の餌がなくなるのだ。それにより、順調に増えてきたカラスは行き場を失い、ほかのエリアに移動、もしくは餓死することにな

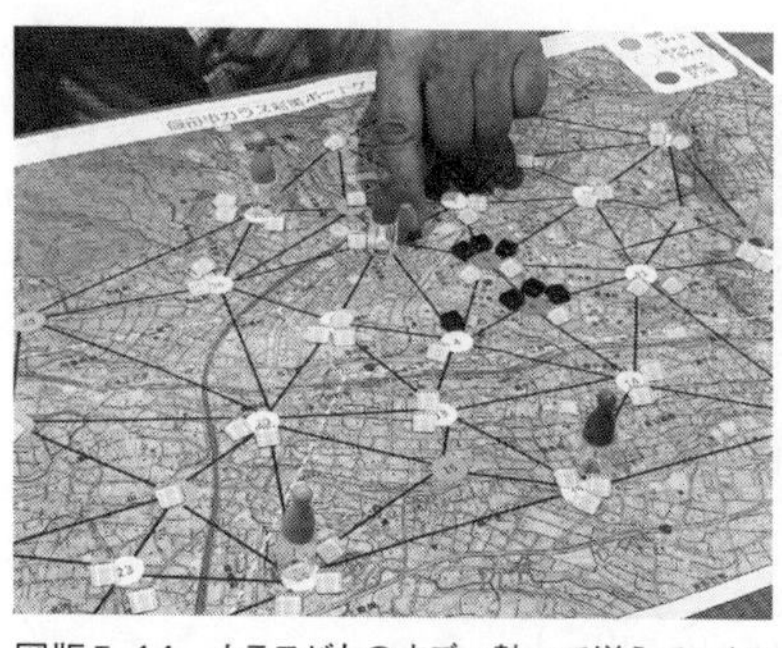

図版5–14　カラスがものすごい勢いで増えていくのが恐怖だ

る。秋までは結構な勢いで増えるが、冬に激減する。カラス役はここで焦りを感じるのだ。特設ページ（ウェブで「カラス対策ボードゲーム」で検索）にプレイ動画もあるので、ご覧いただきたい。もちろん、実物をプレイする方が楽しいに決まっているけれど。

対策の組み合わせ

カラスとヒトの摩擦を減らすために、カラスの個体数を減らす必要がある。そのためにはヒトが出す餌資源を減らし、環境収容力を減らすことが重要だと述べてきた。

しかしこの方法は効果が出るまで時間がかかる。ってやんでい、餌を減らしてカラスが餓死するのを待つだなんて悠長なこと言ってらんねえよという江戸っ子には伝わらない。講演で農家から一網打尽の方法を訊かれるのも仕方ない。待ったなしの問題なのだ。

最後に私が推奨するのは、短期的な対策と長期的な対策を組み合わせることだ。

短期的には「カカシ効果」を利用した対策をとる。カラスが「変だな」と思う物を、手を替え品を替えて設置する。慣れたと思ったら必ず撤去する。また、カラスはヒトの視線を気にするから、住民がカラスを気にするだけで被害は減るはずだ。ゴミを突いているカラスがいたら、コラッと声を出して追い払おう。カラスを見ると目を逸らす人が多いが、子育て中でないかぎり大丈夫。顔も覚えるが、ゴミを突くカラスが追い払いを恨みに思って攻撃してくるということは、私はないと思う（もしあったら申し訳ないが教えてほしい）。ただ、いい餌場だと思わせる前に行うのが肝心だ。これらの対策は結局のところ、近寄らせないだけの対症療法ということにはなってしまうが、間違いなく短期的な効果は期待できる。短期的な対策で、待ったなしの現状を乗り越えよう。

そして長期的な対策を並行して行う。冬に餌資源を極力減らすことで、翌年の個体数を減少させる。ぜひとも「無自覚な餌付けストップ！　キャンペーン」を実施してほしい。短期的対策と長期的対策の両輪でカラスとの共存を模索するのが最良の道だと私は思う。

カラスと共存する町 Crow City

アメリカに、カラスと共存している町がある。ニューヨーク州オーバーン市だ。冬、数万羽のカラスがこの小さな町を占拠する。尋常ではない数のカラスゆえに、Crow Cityと呼ばれている。二〇二〇年一月、ある番組の企画でこの町を訪れた。カラス密度は前述の佐賀県庁周辺を超える（図版5―15）。驚愕した。町の至る所が糞まみれで、臭いも強烈だ。住民もさぞかし迷惑しているだろうと思いきや、そんなことはない。追い払いなどの対策はしているが、カラスに好意的なのだ。住民にインタビューすると、カラスは賢いし、家族思いだから好きだよ、という人が大半。糞害についても、自然のものだから仕方ないよね、と言う。二度驚愕した。というか、日本とのあまりの違いにカルチャーショックを受けた。共に生きるとは、きれいごとではない。糞まみれだし。

図版5–15　多少苦労しても共存するクロウシティ

なぜこれほどカラスに寛容なのか。ここのカラスの大半はアメリカガラスといって、ハシブトガラスやハシボソガラスと違い、集団で子育てをする種だ。子育てでは、前年に生まれたきょうだいがチューター役として、子育てに参加する。オーバーン市民の多くがこのことを知っていて、家族を大切にする姿勢と捉えて親近感を持つようだ。

野生動物との共存には、一方的な排除ではなく、一定の許容や譲歩も必要だ。オーバーン市の例はカラスとヒトの共存の一つのヒントになると思った。

4　ヒトとカラスの未来

共存の先には？

そろそろ本書もおしまいだ。ここまで至極真面目に書いてきた。堅苦しい文章に息が詰まった方も多い（？）と思うので、ここでは、実現性を棚に上げた、想像するカラスとの未来を書いてみたい。カラスの生態を知りたいと思う方、有効なカラス対策を知りたいと思う方には、このあたりで本を閉じることをお勧めする。テレビもつまらないし、新聞は休みだし、ペットボトルのラベルでも読むか、というぐらい時間のある方がいたら、お付き合いいただきたい。私だってこういうことを考えるのは血中にアルコールが入っているときぐらいだ。

ヒトとカラスが共存できたとして、その先に何があるのか？　ヒトとカラスの未来はどうあるべきか？――実はこれ、メディアから何度か聞かれた質問である。私は共存がゴールだと思っているので、深く考えたことがなかった。しかし、せっかく自分の考えを述べられる場なので、自由に想像してみたい。

人間に有益なカラス？

カラスは賢いから、人間の役に立つように調教できないのか？　そうしたらどんなことに役立てられる？　なんて質問をされることがある。野生動物は野生動物のままでいいじゃないかと考える私は、このような質問を受けると内心ムッとして顔に出てしまうことがある。正直言えば、わざわざカラスを調教するなんてコストがかかりすぎるでしょ、だいたい、賢いんだから御しがたいでしょ。その上、カラスはヒトが嫌いだからヒトの都合で調教するなんて共生じゃなくて強制だ！　キーッ！　と、思うことも、ないではない。

私の苛立ちとコスト云々は置いておいて、仮にカラスを意のままに操れたとしよう。そしたら人間にとってどんな良いことがあるか？

まず、ヒトにない能力は、飛ぶ、気流を巧みに捉える、紫外線を視る、わずかな色の違いを見極める、など。ヒトと共通する能力は、高い記憶力、音声コミュニケーションで遠くまで意思を伝達できる、などだ。これらを踏まえて、どう役立ってくれそうか？

我々が肉眼で知り得ない情報を代わりに得て伝えてもらうということが考えられる。昨今、建造物の高所の破損を調べるなど、飛行しなければ見えにくい場所を調べるうえでドローンが活用されている。ドローンの代わりに、負担を最小限にした超小型のカメラをカラスに装着させて、視覚情報を得るということは考えられる。何がドローンに勝るかと言えば、風が強い日でも飛べるし、人口密集地でも落下しないということだ。

災害時に被災状況を確認する、山で遭難者を捜索するなどの際もカラスの力を借りられるかもしれない。現在ここでもドローンが活用されているが、気象条件もかかわるし、バッテリーの問題もある。その点、カラスは長時間・長距離の飛行が可能だからだ。

麻薬探知犬ではないが、何かを識別するうえでカラスの能力が活かせるかもしれない。紫外線を認識できること、また、わずかな色の違いを識別できることにより、瞬時に特定の物質を検知できるかもしれない。紫外線反射が特徴的なものがあれば、事前にカラスに学習させることで検知ができる。空港の保安検査場でカラスがカーと鳴いたら別室に引っ張られる、みたいな日が来たらカラスを見る眼も変わらざるを得ない。

ヒトの顔を覚える能力から、特定の人物を探すことができるかもしれない。迷子を探すのもいいが、指名手配犯や行方不明者を捜させる方が向いているだろう。さらに街中にたくさんある監視カメラの役割をカラスが担い、容疑者を追い詰めるとか……カラスがターゲットを見つけたら、犯人発見コールの代わりに餌発見コールを発する。それを別のカラスが聞きつけ、近づき、また鳴き声を発する。わらわらとカラスが集まり、ターゲットを追い詰めて糞をひっかけ、マーキングし、ジ・エンドだ。……さすがに無理か。

しかし、もう少し自然な形でカラスに負担なく、カラスを人間の役に立てる方法はないか。まず、自然界でのカラスの役割を考えてみよう。

自然な形で役に立つカラス

カラスはスカベンジャーだ。ここでのスカベンジャーとは、動物の死体を食べる動物を指す。動物が死ぬと分解され、様々な生物に利用されて物質は循環していく。利用されるためには分解の過程が必要だ。菌類や細菌類などは分解者と呼ばれ、その役割を担う。分解者に利用されやすくするためには、もとの形が残らないぐらい小さくする必要がある。この役割をカラスが担っている。死体を食べ、糞として排出すると、分解者が糞中の有機物を吸収し、エネルギーに変える。カラスは生態系の維持において不可欠なのだ。

カラスは植物の種子も大好きである。丸呑みし、ペリットや糞で排出する。これも重要な役割だ。食べた種子を、遠く離れたところで排出したら、種をまいたことになる。これを種子散布という。**図版5-16**は、八戸市の市街地に落ちていた、おそらくカラスのペリットだ。なんだろうと色々調べてみたら、ハゼノキの種子だった。カラスはハゼノキの実が好きでよく食べるという。脂質が多く、和ロウソクの原料になるらしい。脂質があるからカラスの好物なのだろう。バカ舌のところで書いたが、ハゼノキとしては、丸呑みされて種子が残るため、繁殖に都合が良い。

こうした、自然界での本来の役割を促進する形で、何か人間社会に役立つような〝仕事〟を考えて、カラスに与えることができるなら、ヒトとカラスのより自然な形での協力関係が生まれるかもしれない。あくまで餌付けにならないという条件を、どうにかしてクリアできるならば、だが——森林再生のための種子散布などでカラスを利用するということも可能かもしれない。

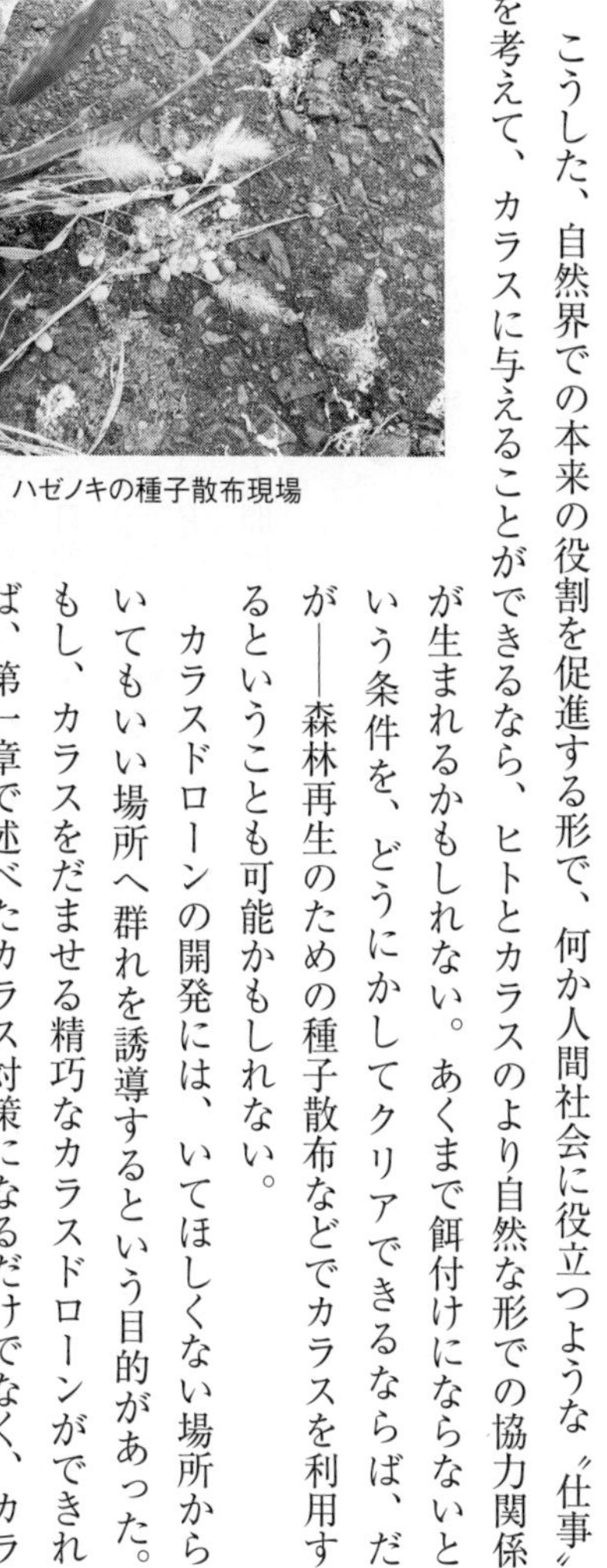

図版5–16　ハゼノキの種子散布現場

カラスドローンの開発には、いてほしくない場所からいてもいい場所へ群れを誘導するという目的があった。もし、カラスをだませる精巧なカラスドローンができれば、第一章で述べたカラス対策になるだけでなく、カラスから有用な情報を引き出す装置となりうるかもしれない。カラスドローンがカラスに行動変化を与えるきっかけを生み出すのだ。

　種子散布による森林再生の例で言えば、目的の樹木の実ができる季節になったら、その森までカラスドローンでカラスを誘導する。森では、餌発見コールを発するカラスロボが実をついばんでいる。同様に目的の実をついばむ。実が胃袋へ入ったら、またドローンが再生したい森林予定地までカラスの群れを誘導し、そこでペリットを吐き出すのを待ち、種子散布させるのだ。人間が実を取って埋めた方が早いだろう、という意見は、ひとまずご勘弁を。そんなに簡単に人間は動員できないものです。

あるがままから恩恵を受ける

　ここまで少しだけ、実現性はともかく、カラスを人間の使役動物として想像をたくましくしてきた。でも私は、やはり野生動物であるカラスは野生動物のままでいてもらい、そのうえで人間が恩恵を受けられるのであれば、それがベストだろうと思う。

　ツバメが低空飛行すると雨が降る——。これは、湿度が高くなって翅(はね)が重くなった虫が低く飛ぶため、その虫を狙ってツバメが低く飛ぶという現象を指して、人間が雨を予知するという知恵である。このようにカラスの行動から情報を得て恩恵を受けるのがいい。

カラスは気流を鋭敏に感じ取り、自由自在に飛ぶ。天候によりカラスの振る舞いも変わる可能性がある。例えば、カラスの映像を大量にコンピュータに読み込ませ、機械学習させることによって、カラスの飛び方の特徴と、その後の気象変化を因果関係として捉えられるかもしれない。誰かがカラスの飛行を撮影して、どこかへ送ると、局所的な気象予報が実現する、みたいなことは想像できる。

ここでもドローン導入を想像できる。ドローンが、気象予報したい地域までカラスを誘導し、そこでの飛び方を撮影して送信することもできる。人がいない場所でも可能だ。

カラスは群れる動物だ。そしてよく群れているが、なぜそこには群れて、あそこには群れないのか、人間にはわからないことがある。餌などの条件ではない。樹木や建物の高さが関係する遮蔽性のような空間属性があるとしたら、そこには、カラス自身も気づいていない特性があるのかもしれない。また、昨日までいっぱいいたのに今日は一羽もいない、いないなんてことはしょっちゅうだ。もちろん、ただの気まぐれかもしれない、カラスの勝手でしょ、と。しかし我々に把握できない要因で集合する／しないが決定される可能性もある。空間認識に紫外線反射を取り入れたら決定的な違いがあるのか。ヒトが認識しにくいものが集合の要因として働いているならば、その情報を有効利用できるかもしれない。

私のカラス研究の第一歩は、鳴き声の意味を明らかにすることだった。まだ道半ばのカラス語辞典がもし完成したとしよう。鳴き声と、振る舞いを関連づけ、さらに自然現象をリンクさせて解釈すれば、ヒトの知覚能力を超えた情報を認識できる可能性もある。

第一章で、カラス版Ｓｉｒｉプロジェクトを紹介した。スマホにアプリを入れれば、カラスの鳴き声の意味を理解し、会話できるというのが、この最終ゴールだ。ここではさらに、カラス版Ｓｉｒｉの２・０を想像しよう。これは、カラスの振る舞いを撮影するだけで様々な情報を得られる夢のアプリだ。意思疎通とまではいかなくても、カラスから有益な情報を提供してもらえる日が、いつかやって来るかもしれない。

卒婚しようよ

色々と書いたが、最後は私の本音に戻ろう。ヒトとカラスは、ヒトとイヌのような関係を築いてこなかった。原初はお互い無関心だったと言えるだろう。しかし長い歴史の中で、もしかしたらいま最大に、我々とカラスの生活圏は重なっているのかもしれない。

それは、別れようと思っても別れられない夫婦のようなものだろうか。初めはお互いを知らなかった。色々あって、一緒になって、生活圏を重ねた。しかし摩擦を生じ、それに倦んでいる状態。お互い行くところがないから一緒にいるが、本当はあまり密接なかかわりを持ちたくない状態。

そんな、しかし離婚するほどでもない夫婦は、「卒婚」の形を選ぶという。干渉しあわないというのがポイントらしい。私が理想とするヒトとカラスの関係は、これによく似ている。

例えば、自宅内にキッチンとトイレと風呂と洗面所が二つずつあれば、二人の人間は棲み分けができる。生活圏が重ならないのだ。いまもしかしたら歴史上最大に重なり合っているかもしれないヒトとカラスの生活圏は、少しずつ離していくのがいいだろう――原初の関係ように。山へ返せ、という意見もあるが、もともと山だけに生息するわけではないし、山にはマヨネーズもないうえに猛禽もいる。カラスにも〝姥捨て山〟はないのだ。

「いてもいい場所」「いてほしくない場所」を人間が決めよう。ある程度の我慢は必要だ。本当は嫌だけどここぐらいはいても我慢しようか、というエリアを多く取ろう。難しいかもしれないが、オーバーン市の例は参考になる。譲歩のしどころだ。そして、いてもいい場所を、カラスにとって棲みやすい場所として整備するのだ。棲みやすさ／棲みにくさについては、カラスの意見を聞く……ことは現時点では不可能だから、研究が必要だ。カラスの集まりやすい場所の地理、気象、季節、時間帯など様々な情報を分析する。そうしてカラスの好みを理解し、カラスにとって棲みやすい環境を作っていくのだ、じっくりと――。ただし餌の管理だけは徹底しなければならない。これだけは気をつけてほしい。もし餌の豊富な場所を作ったら、その近隣の地域をどんどん侵食してくるに違いないから。いてほしくない場所は、できるだけ絞ろう。そして、そこではヒトの意見をカラスに伝えるのだ。つまり、本書で述べてきたような、用心させ、居心地悪くさせる仕掛けを、確実にセットするのだ。どこもかしこも仕掛けるというのはいけない。メリハリが重要だ。

本書のしめくくりが「卒婚」とは、いささか寂しい気もするが、野生動物はペットではない。相手のことを知り、相手の気持ちになったうえで、距離を置こう。そうすれば共存はうまくいくだろう。お互いの幸せのために一線を引き、干渉しない。ヒトとカラスがそんな関係を築いていけるように、私もカラス・ソリューショニストの道を歩んでいきたい。

参考文献

・井本桂右ら、ゲート付き畳み込みリカレントニューラルネットワークを用いたカラスの鳴き声の自動検出、日本音響学会誌、七十五巻十号、五五九―五六七頁、二〇一九年。
・環境省、平成二十八年度鳥獣統計情報
・Kondo, N. et al., Crows cross-modally recognize group members but not non-group members. Proceedings of the Royal Society B: Biological Sciences, 279 (1735), 1937-1942 (2012).
・塚原直樹ら、ハシブトガラス *Corvus macrorhynchos* における鳴き声および発声器官の性差、日本鳥学会誌、五十五巻一号、七―一七頁、二〇〇六年。
・塚原直樹ら、ハシボソガラス（*Corvus corone*）とハシブトガラス（*C. macrorhynchos*）における鳴き声の違いと鳴管の形態的差異の関連性、解剖学雑誌、八十二巻四号、一二九―一三五頁、二〇〇七年。
・Tsukahara, N. et al., Structure of the syringeal muscles in jungle crow (*Corvus macrorhynchos*). Anatomical science international, 83 (3), 152-158, 2008.
・Tsukahara, N. et al., Bilateral innervation of syringeal muscles by the hypoglossal nucleus in the jungle crow (*Corvus macrorhynchos*). Journal of anatomy, 215 (2), 141-149, 2009.
・Tsukahara, N. et al., High levels of apolipoproteins found in the soluble fraction of avian cornea. Exper-

imental Eye Research, 92 (5), 432-435, 2011.
・塚原直樹ら、ハシブトガラスにおける各種光波長に対する学習成立速度の検討、日本家畜管理学会誌・応用動物行動学会誌、四十八巻一号、一―七頁、二〇一二年。
・中村和雄ら、音声の利用による鳥害防除、日本音響学会誌、四十八巻八号、五七七―五八五頁、一九九二年。
・農研機構・鳥獣害管理プロジェクト、果樹園のカラス対策「くぐれんテグス君」設置マニュアル、二〇一三年
・農研機構・鳥獣害管理プロジェクト、「畑作テグス君」設置マニュアル、二〇一六年
・Pigot, L., La Chasse Gourmande ou "l'Art d'accommoder tous les Gibiers": Encyclopédie du Chasseur, 1910.
・Yokosuka, M. et al., Histological properties of the nasal cavity and olfactory bulb of the Japanese jungle crow *Corvus macrorhynchos*. Chemical senses, 34 (7), 581-593, 2009.

あとがき

本書の冒頭に、この本を読み終えたあなたも、きっと〝カラス鳴き声センサー〟がアクティブになってしまうだろう、と書いた。さあ、どうだろうか？　少なくともカラスへの関心は高まってしまったのではないだろうか？

本書のタイトルは「カラスをだます」だが、もとは「カラスと生きる」の案もあった。カラスとの共存がテーマの本でもあるからだ。本書の締めくくりに、カラスとの共存の形に、「卒婚」を例に挙げた。卒婚を成功させるには、相手を正しく理解しなければならないだろう。誤解を機に関係が崩壊することもあるからだ。正しくカラスを理解するためには、まずは関心を持ち、観察することが重要ではないか。相手の好みは何か、なぜそんなことをするのか、自分の眼で相手を観察して、相手の立場で考えることが関係を健全なものにする。本書が、多くの人のカラスへの関心を高めるきっかけとなり、カラスとの共存の一助になるのであれば嬉しい。

本書のもとになった研究は、ＪＳＰＳ科研費 17K17733、19K06367 や東北大学電気通信研究所共同プロジェクト研究および二十一世紀情報通信研究開発センター、総合研究大学院大学学融合共同研究、カシオ科学振興財団、academist などの公的および民間の様々な助成を受けて実施できている。また、多くの共同研究者や協力者の方々のお力添えで成り立っているが、紙面の都合上、すべての方をご紹介することはできなかった。ご協力いただいたすべての方にこの場を借りて感謝の意を表したい。

そして、本書執筆中に起業の決断をしたこともあり、ドタバタが本の出版を大幅に遅らせ、編集者の倉園哲さんには大変迷惑をかけてしまった。だが、起業したからこそカラス対策のリアルな部分が書けたのではと思うので、お許しいただきたい。慣れない社長業に翻弄され、時には執筆を諦めかけたこともあったが、倉園さんの過分なお褒めの言葉でどうにか気力を保ち、最後まで筆を走らせることができた。心から御礼を申し上げたい。

二〇二一年一月

塚原直樹

塚原直樹 つかはら・なおき
(株)CrowLab代表、カラス料理研究家。
1979年、群馬県桐生市生まれ。
宇都宮大学農学部卒業、宇都宮大学大学院農学研究科修士課程・
東京農工大学大学院連合農学研究科博士課程修了。
論文「ハシブトガラスの発声に関する研究」で博士(農学)。
総合研究大学院大学助教を経て現職。
宇都宮大学バイオサイエンス教育研究センター特任助教も務める。
著書に『本当に美味しいカラス料理の本』(SPP出版)。

NHK出版新書 646
カラスをだます
2021年2月10日 第1刷発行

著者 塚原直樹
発行者 森永公紀
発行所 NHK出版
〒150-8081 東京都渋谷区宇田川町41-1
電話 (0570) 009-321(問い合わせ) (0570) 000-321(注文)
https://www.nhk-book.co.jp (ホームページ)
振替 00110-1-49701

ブックデザイン albireo
印刷 新藤慶昌堂・近代美術
製本 藤田製本

Printed in Japan ISBN978-4-14-088646-5 C0245